岷县-漳县
6.6级地震孕震机制研究

INXIAN – ZHANGXIAN 6.6JI DIZHEN YUNZHEN JIZHI YANJIU

冯建刚　李文巧　马海萍 / 著

兰州大学出版社
LANZHOU UNIVERSITY PRESS

图书在版编目（ＣＩＰ）数据

岷县-漳县6.6级地震孕震机制研究 / 冯建刚，李文
巧，马海萍著. -- 兰州 : 兰州大学出版社，2022.8
ISBN 978-7-311-06367-2

Ⅰ. ①岷… Ⅱ. ①冯… ②李… ③马… Ⅲ. ①地震－
孕震－研究－甘肃 Ⅳ. ①P315.72

中国版本图书馆CIP数据核字(2022)第153710号

责任编辑　佟玉梅
封面设计　汪如祥

书　　名	**岷县-漳县6.6级地震孕震机制研究**
作　　者	冯建刚　李文巧　马海萍　著
出版发行	兰州大学出版社　（地址:兰州市天水南路222号　730000）
电　　话	0931-8912613(总编办公室)　0931-8617156(营销中心)
	0931-8914298(读者服务部)
网　　址	http://press.lzu.edu.cn
电子信箱	press@lzu.edu.cn
印　　刷	兰州银声印务有限公司
开　　本	880 mm×1230 mm　1/16
印　　张	7.5
字　　数	200千
版　　次	2022年8月第1版
印　　次	2022年8月第1次印刷
书　　号	ISBN 978-7-311-06367-2
定　　价	40.00元

前　言

　　震例研究是探索地震预测预报工作的重要技术途径，尤其是对典型地震的系统全面研究，可以深化区域强震孕育发生规律的认识，有助于地震预测经验的总结和传承。本书以岷县-漳县6.6级地震为研究对象，从历史地震活动、地震地质、震前地球物理观测资料异常特征、数值模拟分析等方面讨论了该地震的发震构造及邻区主要活动断裂的活动性质，并科学总结了震前各类观测资料的异常特征及地震预测和震情跟踪过程，采用多种方法和技术手段，运用定性与定量结合，地表与区域深部构造结合的研究思路，对岷县-漳县6.6级地震的发震断层、邻区主要活动断裂的现今活动习性、破裂方式及孕震机制进行了系统的研究总结。

　　本书系统总结了岷县-漳县6.6级地震预测预报工作的基础研究成果，对强震孕震机制、区域大震成因及强震危险性分析的探讨与研究具有重要的参考价值，系统总结了岷县-漳县6.6级地震的最新研究成果，从研究方法、研究思路及结果综合分析等方面，全部进行翔实的记录，对今后甘肃及邻区地震预测预报研究和震情跟踪工作具有极高的参考价值，在指导地震预测预报业务人员开展相关研究工作中发挥着重要作用；详细记录数据预处理过程、模型构建及综合分析过程，可为强震孕震机制综合分析提供一种新的思路和方法。

　　本书的内容在强震孕震机制、区域大震成因、强震危险性分析探讨、地震综合预测方面具有重要参考价值，可为从事地震预测预报工作的业务人员提供参考。本书对岷县-漳县6.6级地震的发震构造、震前异常特征及震前预测情况进行了全面系统的总结，可为未来区域强震发震构造研究提供重要的参考；在综合分析活动断裂现今活动习性方面，基于基础观测数据，通过构建数值模型探讨强震孕育机制，开拓强震孕育机制的研究思路；系统总结了岷县-漳县6.6级地震震前异常情况和震情跟踪工作，有助于强震预测经验的总结和传承。

　　本书各章节具体内容及编写分工如下：

　　1.构造环境及历史地震活动概况：主要内容包括地震基本参数、地震灾害情况及区域地震监测台站分布情况等。由冯建刚、王朋涛、张增换、毛冬瑶等负责编写、整理。

2.发震构造讨论：主要内容包括断层活动性鉴定、影像数据解译、震源机制解、余震序列精定位及发震构造讨论等。由李文巧、徐岳仁、李智敏、张辉、王丽霞、徐溶等负责编写、整理。

3.震前异常特征：主要内容包括震前邻区地震活动异常、定点地球物理观测异常、GPS观测资料异常及数值模拟结果等。由马海萍、张昱、李娜、姜佳佳、张丽琼、龚文等负责编写、整理。

4.震前预测及震后趋势判定：主要内容包括年度预测总结、中短期预测结果及震后趋势预测结果等。由马海萍、李敏娟、冯建刚等负责编写、整理。

5.主要结论及讨论：主要内容包括本书主要研究的结论及讨论。由冯建刚、马海萍、李娜、姜佳佳等负责编写、整理。

本书在编写过程中得到甘肃省地震局的大力支持，中国地震局地震科技星火项目和中国地震局监测预报司专项经费的支持，中国地震局第一监测中心在GPS数据支撑工作及陕西省地震局石富强高级工程师、甘肃省地震局杨兴悦高级工程师在数值模拟工作中的支持和帮助，四川省地震局龙锋高级工程师在地震精定位工作方面的支持和帮助，在此一并致以衷心的感谢。

由于作者水平有限，书中难免有疏漏和不足之处，敬请读者批评指正。

作　者

2022年3月

目　录

1 构造环境及历史地震活动概况

本章主要介绍岷县–漳县6.6级地震概况（地震基本参数、地震灾害情况及区域地震监测台站概况）和邻区构造环境及历史地震活动。

1.1 岷县–漳县6.6级地震概况

1.1.1 地震基本参数

2013年7月22日7时45分在岷县–漳县交界处发生6.6级地震。震后国内外不同科研机构给出了该地震的基本参数（表1-1-1），中国地震台网中心测定的微观震中为34.54°N、104.21°E，甘肃省地震局台网中心测定的微观震中为34.54°N、104.24°E。

表 1-1-1　岷县–漳县6.6级地震基本参数

编号	发震日期	发震时刻	震中位置/°		震级			震源深度 h/ km	震中地名	结果来源
	年月日	时分秒	φ_N	λ_E	$M(M_S)$	M_L	M_w			
1	2013-07-22	07:45:56	34.54	104.21	6.6	6.8	—	20	岷县–漳县	（1）*
2	2013-07-22	07:45:56	34.54	104.24	6.5	6.7	—	6	岷县–漳县	（2）*
3	2013-07-22	07:45:56	34.63	104.36	5.9	—	6.0	16	中国甘肃	HRV*
4	2013-07-22	07:45:59	34.50	104.22	—	—	6.0	10	中国甘肃	NEIC*
5	2013-07-21	23:45:57	34.55	104.25	—	—	6.0	10	中国甘肃	CSEM*
6	2013-07-21	23:45:55	34.53	104.21	6.1	—	6.0	28	中国甘肃	GSR*
7	2013-07-21	23:45:57	34.50	104.22	—	—	6.0	10	中国甘肃	GFZ*
8	2013-07-21	23:45:51	33.93	104.94	—	—	6.0	10	中国甘肃	BGS*

注：* （1），中国地震信息网；（2），甘肃地震台网；HRV，美国哈佛大学；NEIC，美国国家地震信息中心；CSEM，法国欧洲–地中海地震信息中心［协调世界时（UTC）］；GSR，俄罗斯科学院地球物理勘测局［协调世界时（UTC）］；GFZ，德国勘测中心地球科学研究中心［协调世界时（UTC）］；BGS，英国地质调查局［协调世界时（UTC）］。

从上表中给出的定位结果来看，BGS给出的定位结果与其他结果偏差较大，最大相距约95 km，除BGS定位结果外，其余定位结果之间相距均在20 km之内，偏差相对较小。

1.1.2　地震灾害情况

根据本次地震的灾区震害调查结果，震区主体宏观震中经纬度为：北纬34.5°、东经104.2°。极震区烈度为Ⅷ度（图1-1-1）。Ⅷ度区西北至岷县中寨镇，东南至岷县禾驮乡东南，东北至岷县禾驮乡东北，西南至岷县禾驮乡西南，长轴为40 km，短轴为21 km，面积706 km²。Ⅶ度区西北至卓尼县洮砚乡，东南至宕昌县木耳乡，东北至漳县金钟镇，西南至岷县麻子川乡，长轴为87 km，短轴为59 km，面积3640 km²。Ⅵ度区西北至卓尼县康多乡，东南至礼县沙金乡，东北至陇西县菜子镇，西南至迭部县洛大乡，长轴为161 km，短轴为127 km，面积12086 km²。甘肃强震动台网共63个台站成功获取了此次地震记录，其中记录烈度值达到Ⅷ度的1个台站，Ⅶ度的1个台站，Ⅵ度的6个台站，Ⅴ度的6个台站。获取记录最近的强震台为岷县台，震中距18 km，记录到的水平向加速度峰值达172.5 gal，对应烈度为Ⅷ度，同时，现场工作队成功架设了流动台网中心并正式运行，流动台网中心实时汇聚周边12个地震监测台站（其中6个强震动台，6个测震台）的观测数据，构建了实时自动处理和地震速报系统，具备了现场自动地震速报能力，并通过大屏幕显示，为抗震救灾指挥部提供及时有效的地震信息。

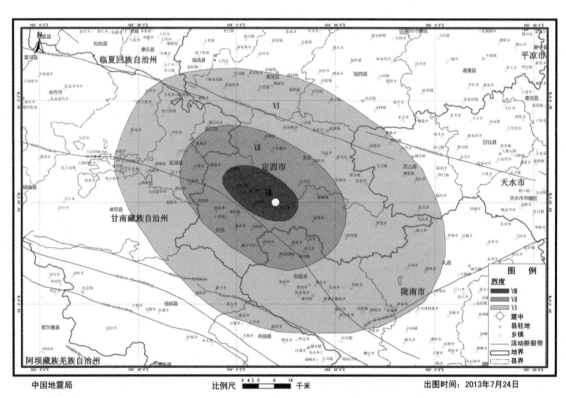

图1-1-1　岷县-漳县6.6级地震烈度图

1.1.3　区域监测台站介绍

1.1.3.1　*测震台站概况*

岷县-漳县6.6级地震发生后，在地震余震监测方面立即组织加密观测，该研究采用主震邻区震后架设的5个流动地震台站的观测数据，甘肃地震台网"十五"改造完成后，甘东南地区地震监测能力显著提高（冯建刚等，2012），在距离主震200 km范围内共有16个固定台站

（图1-1-2），固定地震台站和流动地震台站构成的地震观测网对余震区覆盖较好，保证了地震定位结果的可靠性。

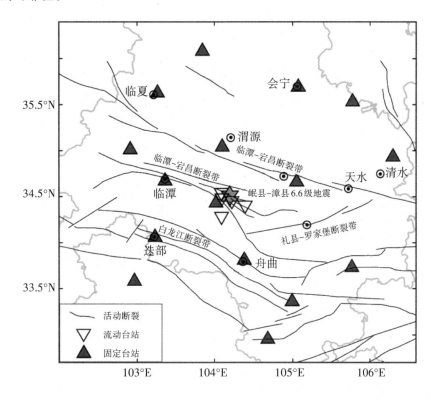

图1-1-2　岷县-漳县6.6级地震邻区测震台站分布

1.1.3.2　前兆台站概况

甘肃省前兆观测最早开始于20世纪70年代，当时台站稀少。20世纪80年代开始架设了不少前兆观测台站，2000年前后进行了"九五"数字化改造，2007年又进行了"十五"数字化改造，现有最早的观测资料为1984年1月1日开始的人工观测。

岷县-漳县6.6级地震前，甘肃地区前兆观测台网共有6个中心台，33个台站，包括50多个子台，分流体、形变、电磁三大学科，20多种观测手段，300多个测项。表1-1-2为所有台站观测手段及震中距范围，图1-1-3为500 km范围观测台站分布图。

表1-1-2　所有台站及震中距统计表

震中距/km	台站名称	观测手段
<100	舟曲、宕昌、武山、礼县、西和	流体、电磁、形变
100≤震中距<200	武都、通渭、成县、天水、清水、静宁、永靖、临夏、合作、兰州	流体、电磁、形变
200≤震中距<300	玛曲、华亭、平凉、白银	流体、电磁、形变
300≤震中距<400	永登、天祝、景泰、庆阳、古浪	流体、电磁、形变
400≤震中距<500	武威	电磁
500≤震中距<600	山丹	电磁
600≤震中距<700	肃南、临泽	流体、形变
700≤震中距<800	高台	流体、电磁、形变
800≤震中距<900	嘉峪关、酒泉	流体、电磁、形变
900≤震中距<1100	肃北、瓜州	电磁

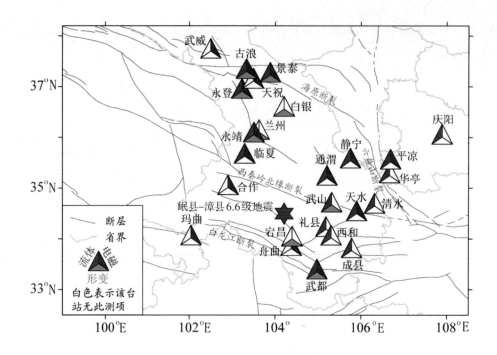

图1-1-3 地球物理观测台站分布图

1.2 区域构造环境及历史地震活动

1.2.1 构造区概述

岷县-漳县6.6级地震发生在青藏高原东北缘。在构造格局上处于北西西向东昆仑断裂带与西秦岭北缘断裂带两条左旋走滑断裂带之间的应变传递和构造转换的过渡区（张会平等，2010），是整体区域构造应力变化和构造挤压过程中的一个应力、应变集中区。由于活动的块体不断地产生隆升和推挤作用，造成区内构造活动强烈，存在多条北东凸出的弧形断裂，这些断裂是在继承原有挤压逆冲构造变形的基础上逐步发展演化而来的，其活动具有逆走滑性质，同时有向北东方向推挤的特性（图1-2-1）（陈九辉等，2005）。区内主要存在4条具有相当规模的活动断裂带，分别为西秦岭北缘断裂带（F1），临潭-宕昌断裂带（F2），光盖山-迭山断裂带（F3），迭部白龙江断裂带（F4）（图1-2-2），并伴有众多历史强地震活动（图1-2-3）。

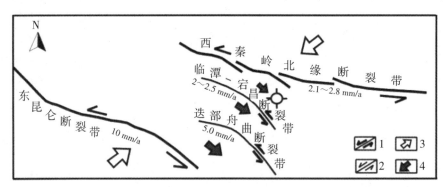

1.主要断裂及性质。2.过渡转换断裂及性质。3.区域挤压应力方向。4.断层间块体运动方向。

图1-2-1 甘东南NWW向断裂构造转换关系图

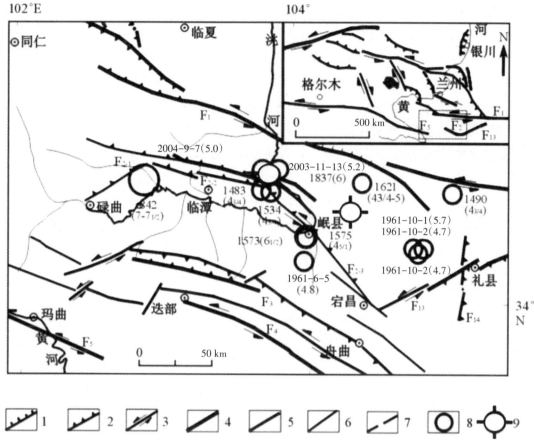

图例说明：1正断层；2逆断层；3走滑断层；4全新世断层；5晚更新世断层；6早中更新世及前第四纪断层；7推测及隐伏断层；8断裂周边主要地震震中位置；9岷县-漳县6.6级地震震中位置。图中断层编号：F₁西秦岭北缘断裂带；F₂临潭-宕昌断裂带，即F₂₋₁合作断裂段，F₂₋₂临潭断裂段，F₂₋₃岷县-宕昌断裂段；F₃光盖山-迭山断裂带；F₄迭部白龙江断裂带；F₅东昆仑断裂带；F₁₃礼县-罗家堡断裂带；F₁₄礼县-江口断裂带。

图1-2-2 岷县-漳县附近地区主要断裂带及历史地震震中分布图

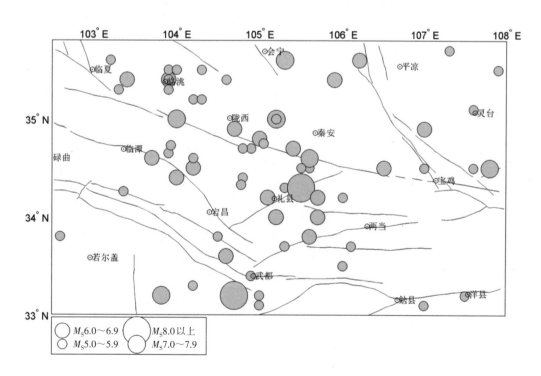

图1-2-3 岷县-漳县6.6级地震邻区历史地震活动

重力资料显示，范围在E102°00′～108°00′，北纬30°40′～35°00′的地区以负的布格重力异常为背景，重力值由东向西逐步降低。区内局部异常发育，轴向多变，强大的重力梯级带横贯全区。临潭-宕昌-成县断裂是研究区内的一条弧形断裂，重力资料显示该断裂各段的走向不一，西段为北西向，成县以东为北东向，凤县、两当一带可能转为东西向。根据资料，西段已发现混杂堆积，东段有基性和超基性岩的分布。临潭-宕昌段为重力梯级带，宕昌-成县段等值线强烈扭曲，成县以东为大小不等、走向不一的局部异常分界线。断裂沿着不同窗口剩余异常的零值线延展。在宕昌-成县段，莫氏面等值线向北西方向扭曲，成县以东为局部隆起和凹陷的分界线（曾融生等，1995）。临潭-宕昌断裂带位于青藏高原东北缘，在深部对应一地壳厚度变异带，其厚度西南厚东北薄，由西南面的65 km向东北递减为45 km左右，莫氏面等值线走向多变，除地壳变异带外，局部隆起和凹陷较多，反映了该区深部构造具有波状起伏的特点（陈九辉等，2013）。

1.2.2 历史地震活动概况

岷县-漳县6.6级地震邻区地震活动频繁（表1-2-1），甘东南及邻区（102.5°E～108.0°E，33.0°N～35.8°N）有历史地震记录以来共记录到5级以上地震76次，其中，5.0～5.9级48次，6.0～6.9级20次，7.0～7.9级6次，8级以上2次。最大地震为1654年天水8.0级和1879年武都8.0级地震，该区域自公元前780年起有历史地震记录，从5级以上地震时间序列图可以看出（图1-2-4），1500年后5级以上地震频度明显增多，这与历史地震记录不完整有关。

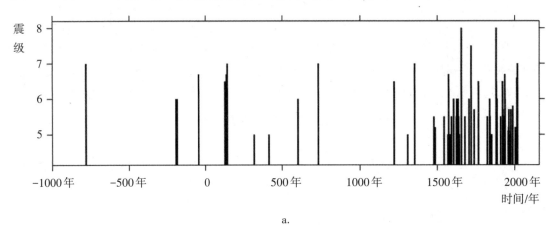

a.

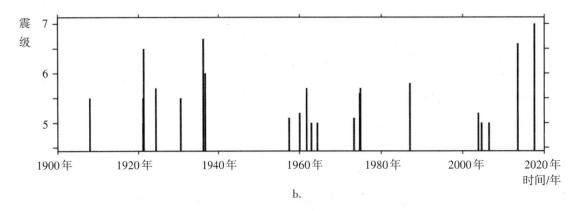

b.

图1-2-4　岷县-漳县6.6级地震邻区5级以上地震 *M-t* 图

表1-2-1　岷县-漳县6.6级地震及邻区历史地震

序号	发震时间	震中位置（经纬度）		震级/M_s	地名
1	-780年—月—日	34.50°	107.80°	7.0	陕西岐山
2	-193年02月—日	35.40°	103.90°	6.0	甘肃临洮
3	-186年02月22日	33.80°	105.60°	6.0	甘肃武都
4	-47年04月17日	34.90°	104.70°	6.7	甘肃陇西
5	128年02月22日	34.70°	105.40°	6.5	甘肃甘谷
6	138年02月28日	35.80°	103.50°	6.7	甘肃临洮
7	143年10月—日	35.00°	104.00°	7.0	甘肃甘谷西
8	600年12月16日	34.50°	106.50°	6.0	甘肃天水
9	734年03月23日	34.60°	105.60°	7.0	甘肃天水
10	1219年06月09日	35.60°	106.20°	6.5	宁夏固原南
11	1352年04月26日	35.60°	105.30°	7.0	甘肃会宁
12	1573年01月20日	34.40°	104.00°	6.7	甘肃岷县
13	1604年10月25日	34.20°	105.10°	6.0	甘肃礼县
14	1624年07月04日	35.40°	105.90°	6.0	甘肃庄浪
15	1634年01月14日	34.00°	105.20°	6.0	甘肃西和
16	1654年07月21日	34.30°	105.50°	8.0	甘肃天水
17	1704年09月28日	34.90°	107.00°	6.0	陕西陇县
18	1718年06月19日	35.00°	105.20°	7.5	甘肃通渭
19	1765年09月02日	34.80°	105.00°	6.5	甘肃武山、甘谷
20	1837年09月—日	34.60°	103.70°	6.0	甘肃临潭、岷县
21	1879年07月01日	33.20°	104.70°	8.0	甘肃武都南
22	1881年07月20日	33.60°	104.60°	6.5	甘肃礼县西
23	1885年01月15日	34.00°	105.70°	6.0	甘肃天水南
24	1921年04月12日	35.80°	106.20°	6.5	宁夏固原
25	1936年02月07日	35.40°	103.40°	6.7	甘肃康乐
26	1936年08月01日	34.20°	105.70°	6.0	甘肃天水
27	2013年07月22日	34.50°	104.20°	6.6	甘肃岷县-漳县
28	2017年08月08日	33.20°	103.82°	7.0	四川九寨沟

2 发震构造讨论

本章主要介绍岷县-漳县6.6级地震邻区断层活动性的鉴定及主要活断层遥感解译结果，结合主震震源机制及余震精定位结果，分析探讨岷县-漳县6.6级地震的发震构造。

2.1 断层活动性鉴定

2.1.1 断层活动性鉴定工作背景

2013年7月22日岷县-漳县6.6级地震造成了95人遇难，2 414人受伤，同时还造成大量农村民房倒塌以及滑坡、崩塌、液化、塌陷等严重次生灾害，直接经济损失达175.88亿元。这次地震震中烈度达Ⅷ度（涉及岷县中寨镇和禾驮乡的部分村镇），长轴方向为北西西向，其发震构造为临潭-宕昌断层东段北侧的次级分支断层。

岷县-漳县6.6级地震灾后恢复重建区内的岷县县城（包括茶埠镇和梅川镇）所在的洮河河谷盆地是晚更新世-全新世强烈活动的左旋逆走滑活动断层——临潭-宕昌断层及其北侧分支断层通过的位置，其未来的大震危险性一直备受关注，多年来被列为全国和省级地震重点危险区和重点监视防御区。因此，开展"岷县活动断层探测与地震危险性评价"工作，可为岷县未来城乡规划建设和改造提供科学依据和技术指导，切实提高震灾防御能力。

受甘肃省地震局委托，中国地震局地震预测研究所承担了"岷县活动断层探测与地震危险性评价"子专题"岷县目标区遥感影像解译与断层活动性鉴定"工作。

岷县位于洮河中游，洮河在岷县附近由其流向由西向东突然变为由南向北流，形成一个大拐弯。该地区为青藏高原东北缘、西秦岭山区和黄土高原三大地貌单元的交汇区域。该区构造活动强烈，地震灾害频发。历史上岷县附近曾遭受多次强震的袭击，如1837年临潭东6级地震、1573年岷县6.7级地震、2003年岷县5.2级和2004年岷县-卓尼5.0级地震等，现今5级以下中小地震则主要发生在中西段及其附近。2013年7月22日岷县-漳县6.6级地震，其最大余震为5.6级，岷县县城烈度达到Ⅶ度，而岷县县城附近人口密集的茶埠镇、梅川镇和西江镇等地则位于极震区内，烈度达到Ⅷ度。

根据岷县城市发展和本区防震减灾的工作需要以及主要活断层的展布情况，确定的"岷县活动断层探测与地震危险性评价"项目目标区范围为岷县城区及规划发展区（含茶埠镇和梅川镇）。大致E103.78°~104.36°，N34.32°~34.67°的一个矩形框（53 km×39 km），总面积约2 067 km²（图2-1-1）。根据前人的初步调查结果，目标区内存在规模较大的断层有10条，其中，规模较大的晚更新世-全新世断层可能有4条，即柏林口断层（F1）、木寨岭断层（F2）、禾驮断层（F5）和临潭-宕昌断层（F9），另外还有顾家沟-尖山断层（F3）、棉柳滩山-结山沟断层（F4）、所里沟-石门断层（F6）、勾门断层（F7）、奈子沟断层（F8）、岷县北断层（F10）6条研究基础较为薄弱的断层（图2-1-1）。

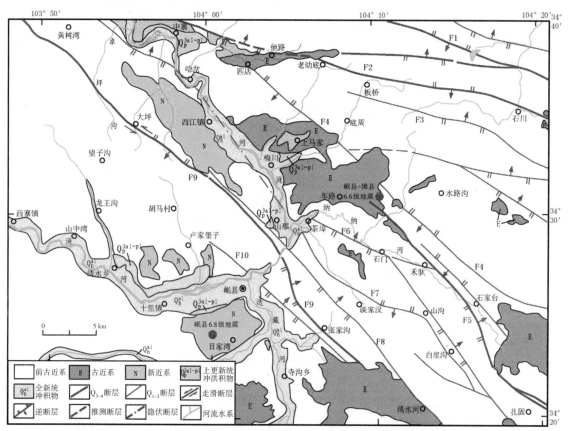

F1为柏林口断层；F2为木寨岭断层；F3为顾家沟-尖山断层；F4为棉柳滩山-结山沟断层；F5为禾驮断层；F6为所里沟-石门断层；F7为勾门断层；F8为奈子沟断层；F9为临潭-宕昌断层；F10为岷县北断层。

图2-1-1 目标区推测活动断层分布图

2.1.1.1 主要任务

根据《岷县活动断层探测与地震危险性评价》施工设计的要求，拟在卫星影像解译的基础上，对目标区内10条活动断层最新活动性进行鉴定，确定其空间几何结构、断错地质地貌证据、最新活动性质和时代等；若鉴定为晚第四纪活动断层，则获取其活动性的定量参数（断裂滑动速率、历史地震及古地震期次和年代序列等），分析本区构造活动与历史及现代强震活动的关系及其发震构造特征和发震机制等。

2.1.1.2 主要目标

通过详细的航卫片解译、野外调查和系统的样品年龄测试，查明断裂几何结构、最新活动性质及时代等，探讨本区构造活动与历史及现代强震活动的关系。

2.1.2 断层活动性鉴定

"岷县目标区遥感影像解译与断层活动性鉴定"专题于2015年11月立项，于2016年11月结题。由于项目实施周期短，野外地质调查难度大，项目组在收集、分析、吸收了目标区附近既有研究论文等资料基础上，积极开展了野外地质调查工作。

项目组于2016年1月4～27日、4月1～20日，两次赴野外现场，对10条重点断裂进行了野外调查；清理、开挖了近10个晚第四纪断层剖面，分析、解译了10余个晚第四纪活动的断错地貌，手绘了近20个基岩断层剖面；拍摄典型地层、地貌、断层剖面照片2 000余张；采集探槽、地貌面中光释光年代学样品20个（表2-1-1，图2-1-2、图2-1-3）。

表2-1-1　主要工作量一览表

序号	工作内容	工作量
1	资料收集、整理	1:20万ArcGIS版本探测区8幅区域地质图及说明书购置（数据即将拿到），全国地质资料馆复制；收集研究区研究论文20余篇，并分析整理；1:2万地质图4幅，并配准解译
2	遥感影像获取，解译	GF-1/2数据的下载、配准融合处理，目标区覆盖未完整；高分辨率影像的构造解译、构造地貌变形解译，重点工作点筛选；结合1:20万区调图电子版及影像纹理特征对研究区的新生代地层边界进行修编，并分析新地层与主要断裂带的位置关系；结合野外调查结果对断裂带的迹线进行最后的核实；编制探测区和目标区不同比例尺的地震构造草图
3	野外地质观察点	地震地质野外考察总计10人，39天；断层剖面清理和开挖、绘制20个；典型地层、地貌、断层剖面照片2000余张
4	制图	编制了探测区和目标区不同比例尺的地震构造遥感解译图草图，编制了目标区地震构造草图

图2-1-2　部分野外地质地貌调查照片（1）

图 2-1-3　部分野外地质地貌调查照片（2）

2.1.3　项目取得的阶段性成果

2.1.3.1　目标区遥感影像解译

运用遥感图像处理技术，对 GF-1/2 数字影像进行几何校正、滤波、彩色合成、小波纹理分析或其他增强处理，对目标区范围内的活动断层进行构造地貌解译，编绘了目标区 1:5万活动断层分布的遥感解译草图。初步确定了目标区活断层位置和延伸情况，判断出断层的活动性质等。

2.1.3.2　河流阶地年代学研究

目标区内最大的河流为洮河，洮河是黄河上游右岸的一条大支流，洮河干流自河源由西向东流至岷县后受阻，急转弯改向北偏西流，形如一横卧的"L"字形。岷县位于洮河中游，岷县县城区及规划发展区（含茶埠镇和梅川镇）等均沿洮河沿岸发育。沿线河流阶地以洮滨乡、岷县县城、茶埠镇、西江镇和中寨镇等地保存良好；在其他河段由于河道狭窄，阶地发育不连续，大多零星分布（图 2-1-4 至图 2-1-9）。沟谷时宽时窄，开阔地段发育有小型 I 至 IV 级冲洪积阶地，两侧阶地不对称，呈条带状或半圆形，一般阶面宽在 50～300 m 之间。多数河谷狭窄地段阶地多零星分布。在支流与干流交汇处发育有扇形、锥形泥石流堆积体。干流河谷呈"U"字形，上游狭窄，下游宽阔，支流河谷呈"V"字形，河谷陡峻，侵蚀切割强烈。

（1）一级阶地（T1）

T1 为堆积阶地，高出河面 2～5 m，其上堆积有 2～3 m 的河床相砂砾石层，顶部为 1 m 左右的土壤层，局部地方可以看到由于现代河流向下侵蚀而露出阶地基座。

（2）二级阶地（T2）

T2为基座阶地，局部为堆积阶地，自下而上可分为2～5 m河床相砂砾石层、1～2 m的河漫滩相细砂层和-1 m土壤层。

（3）三级阶地（T3）

T3为基座阶地，自下而上可分为4～5 m河床相砂砾石层、3～4 m的河漫滩相细砂层和8～10 m的风成黄土。

（4）四级阶地（T4）

T4为侵蚀阶地，其上河流沉积缺失，但为15～20 m的风成黄土覆盖。

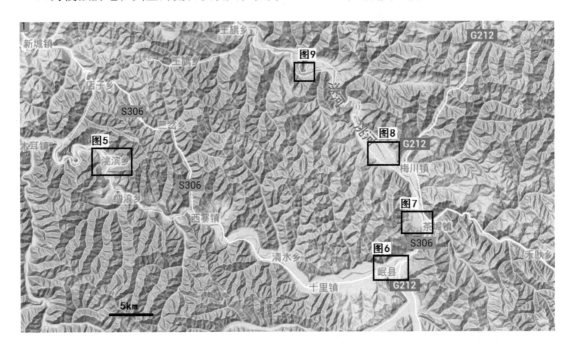

图2-1-4　研究区洮河河流阶地较发育点示意图

图2-1-5　洮滨乡洮河河流阶地发育照片

图2-1-6　岷县县城洮河河流阶地发育照片

图2-1-7　茶埠镇洮河河流阶地发育照片

图2-1-8　西江镇洮河河流阶地发育照片

图2-1-9　中寨乡洮河河流阶地发育照片

从T1、T2、T3阶地上冲积砾石层的特征看，砾石的磨圆度良好，粒度相对均匀，显示出古河流的河床在抬升成为阶地之前有过相当一个时期的相对稳定的构造环境和气候条件。

为了研究洮河、白龙江和岷江流域河流阶地特征与构造地貌演化，郭进京等（2006）对白龙江沿线河流阶地进行了较详细的观察和研究，通过与研究详细的兰州黄河阶地对比分析，并结合白龙江阶地之上的古土壤和黄土序列特征分析，得到白龙江流域各级阶地年代分别是：T1为0.01 Ma左右，T2为0.03～0.05 Ma，T3为0.14～0.15 Ma，T4为0.56 Ma，T5为1.2 Ma，T6为1.4～1.5 Ma，T7为1.7 Ma。

岷县活动断层探测与地震危险性评价子专题"洮河河流阶地特征与年代序列研究"（白世彪负责）初步结果表明，洮河流域各级阶地年代分别为：T1全新统堆积阶地，T2晚更新统基座阶地；T3、T4为早-中更新统侵蚀阶地。

2.1.3.3 断层活动性鉴定

岷县-漳县6.6级地震震区位于青藏活动块体东缘，处在南北强震构造带北段的东昆仑与秦岭构造带的交汇复合部位，也是不同方向与不同性质活动断层之间构造转换的关键地区。该区晚第四纪活动断层较为发育，断层之间的构造关系非常复杂，其最新构造活动除了区域活动断的继承性活动之外，还表现出古老秦岭构造系断层的复活和新生性，因此区内断层在地质地貌上的表现也不尽相同。

岷县-漳县6.6级地震的发震构造为临潭-宕昌断层东段的禾驮断层（郑文俊等，2013）。临潭-宕昌断层作为甘东南构造转换和变形传递过程中的一条重要的断层，其几何展布，新活动性和运动特征对讨论地震的孕育有着至关重要的作用。该断层将由多条规模不等、相互平行或斜接的次级断层组合而成，断层影响宽度范围在5～10 km，将岷县东南断裂归并为一体，延至宕昌以南。断层的总体性质地表可见以向南逆冲为主，断层呈北西西-北西向展布，倾向北东，倾角50°～70°，局部陡立或南倾，具左旋走滑分量，因此，在不同的断裂段上活动性差异较大。

临潭-宕昌断层几何结构复杂，由多条平行和斜接的次级断层所组成，根据其活动性和几何结构的差异可分为明显的3段，各断裂段活动性差异较为明显，且每段内也呈现出活动的不均匀性。其中，西段（合作断裂段）活动性较差，为第四纪早期活动段，该段南支东端为晚更新世活动，曾发生842年碌曲6～7级地震；中段（临潭断裂段）相对较活动，北支为全新世早期活动，其活动性在整个断裂带中最强，南支为早中更新世-晚更新世早期活动，曾发生1837年岷县北6级地震、2003年岷县5.2级地震和2004年岷县-卓尼5.0级地震；东段（岷县-宕昌断裂段）最南缘的主支断裂活动性较差，断裂段主要部分活动为前第四纪，仅有少量地段呈现出早更新世有过活动，其北缘的两条次级断裂段可能第四纪晚期（全新世）有复活动的迹象（图2-1-10），沿洮河的一支断层，其最新活动时间应为早中更新世，曾发生过1573年岷县6.7级地震和2013年岷县-漳县6.6级地震（袁道阳等，2004）。

可以看出，该断裂段总体上由多条次级断裂段组成，各断裂段长度不同，总体上以平行和斜接为主，其活动性的差异说明各断裂段在新构造运动过程中应力集中不均匀，不同断裂段同时破裂和应力集中的可能性不明显，出现多个受力不均，这也是近几年及历史上该地区中强地震多发的一个主要原因。

我们对岷县-漳县6.6级地震震区的临潭-宕昌断裂带东段进行了系统的遥感影像解译，详细的野外地质地貌调查和断层相关地层、地貌的年代学测试；获取野外地质地貌调查点167个，年代学样品20个；初步划分了洮河河流阶地；编制了初步的目标区活动断层分布图（图2-1-11）。

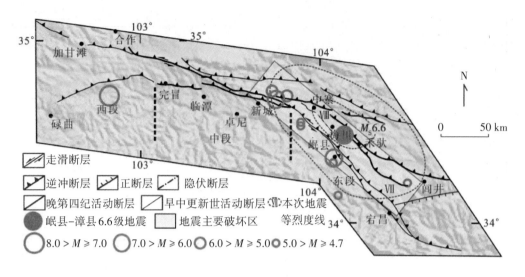

图2-1-10　临潭-宕昌断层几何结构及其与地震的关系

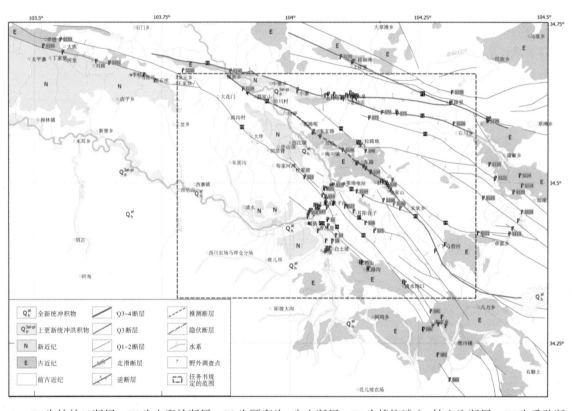

F1为柏林口断层，F2为木寨岭断层，F3为顾家沟-尖山断层，F4为棉柳滩山-结山沟断层，F5为禾驮断层，F6为所里沟-石门断层，F7为勾门断层，F8为奈子沟断层，F9为临潭-宕昌断层，F10为岷县北断层。

图2-1-11　目标区活动断层分布图

目标区内共有10条断层，除了临潭-宕昌断层研究程度较高之外，其余9条断层的研究程度都非常低，在目标区内几乎没有地震地质资料，都需要全面进行地震地质调查工作。在资料收集与综合整理、高精度遥感影像处理与解译的基础上，对岷县所在的临潭-宕昌断层东段的多条次级断层开展了详细的野外调查与核实，获得目标区及邻近地区有地表露头活动断层的分布、几何形态与活动方式等特征，包括位移测定、错断地质体等；初步鉴定了各断层的活动性质及活动性。其中，柏林口断层（F1）和木寨岭断层（F2）为晚更新世中晚期活动断层；禾驮断层（F5）为晚更新世晚期-全新世早期活动断层；顾家沟-尖山断层（F3）、棉柳滩山-结山沟断层（F4）、所里沟-石门断层（F6）、勾门断层（F7）、奈子沟断层（F8）、临潭-宕昌断层（F9）、岷县北断层（F10）7条断层为早-中更新世或前第四纪活动断层（表2-1-2）。晚更新世以来可能活动的F1、F2和F5断层，我们已对其断层的相关地层进行了取样，样品已送中国地震局地质研究所OSL实验室进行测定，测年结果将对断层的活动性给出定量的结果。

表2-1-2　目标区主要断层特征表

编号	名称	产状	目标区长度/km	性质	断层特性	活动时代	鉴定时代
F1	柏林口断层	280°/SW∠80°	17	逆断	断层主要断错在石炭系地层内部，局部可见到断错老第三系地层。在仆林沟一带，断层最新活动断错III级阶地，在恶霸山垭口断层断错晚更新统地层，说明该断层为一条晚更新世活动断层	Q_{3-4}	Q_3
F2	木寨岭断层	280°/SW∠50°	36	逆断	断层西起老幼店，向东经板桥，延至石川乡，由南北2条次级断层组成。断层发育在二叠系地层内部，地貌上有线性构造显示。在黄水泉、寺扎一带，该断层晚更新世有过活动	Q_{3-4}	Q_3
F3	顾家沟-尖山断层	285°/NE∠60°	20	逆断	断层西起顾家沟，向东经大岘、高木鸡延伸至尖山一带，具逆断层性质。断层发育在二叠系地层内部，地貌上有线性构造显示。说明该断层第四纪早期有过活动	Q_{1-2}	Q_{1-2}
F4	棉柳滩山-结山沟断层	310°/SW∠70°	36	逆断	断层北起棉柳滩山，向南东经文斗、随固至结山沟，具逆断层性质。断层主要断错在二叠系地层内部，在通过老第三系地层时未见断错。地貌上无线性构造显示。该断层为一条前第四纪断层	AnQ	AnQ
F5	禾驮断层	320°/NE∠70°	26	逆断	断层北起朱麻滩以北的轧轧村，向南东经禾驮、下河码石延伸至古儿山以东，具有逆断层性质。断层主要断错在古近纪地层内部。在朱麻滩断裂断错河流T2阶地，在永星、扎路、杨家湾一带，断层断错T3阶地，该断裂晚更新世晚期-全新世早期有过活动	Q_{1-2}	Q_{3-4}
F6	所里沟-石门断层	295°/NE∠75°	28	逆断	断层西起洮河西岸的所里沟，向东南经岳家湾至石门以东，具有逆断性质。地貌上发育有断层三角面及断层沟槽，线性构造特征明显。前人在石门西大沟内见到II级阶地的基座被断错，断层泥热释光测年为距今13.8 ka，说明该断层在第四纪早期有过活动	Q_{1-2}	Q_{1-2}
F7	勾门断层	320°/SW∠85°	24	逆断	断层北起茶埠以东的沟门村，向南东经二马沟至接哈沟，具逆断层性质。断层断错在泥盆系地层内部。地貌上见有断层三角面、断层垭口及断层沟槽，为一条第四纪早期活动断层	Q_{1-2}	Q_{1-2}
F8	奈子沟断层	320°/NE∠55°	32	逆断	断层北起红土窑，向南东经奈子沟至庞家，具有逆断层性质。断层断错在泥盆系地层内部。地貌上线性构造不明显。洮河V级阶地未断错，断层面上未发育断层泥，说明该断层为一条前第四纪断层	AnQ	AnQ
F9	临潭-宕昌断层	310°/NE∠60°	46	逆断	活动性质为左旋兼逆断。断层影像清晰，控制了合作、临潭、宕昌等第三纪盆地的形成、演化及构造变形，其新活动导致断层沿线山脊、水系、洪积扇被断错，形成断崖、断层垭口、断坎、断陷槽地等。野外调查，在小族-告藏一带，西沟河T2阶地未断错，可能为晚更新早期活动	Q_{3-4}	Q_{2-3}
F10	岷县北断层	310°/NE∠75°	17	逆断	断层北起鹿儿坝东，向南经岷县北至老鸦山，具有逆断层性质。断层断错在二叠系与三叠系之间，二叠系由NE向SW逆冲到三叠系之上。地貌上线性构造不明显，为一条前第四纪断层	AnQ	AnQ

部分晚第四纪活动的断层剖面简述如下：

（1）柏林口断层（F1）新活动性鉴定

1）断层概况

断层西起卓尼县恰盖乡的斜藏大山，向东经凉帽山、长岭坡、青岗岭，过羊沙河、洮河延伸至漳县石川乡以东，长约130 km。总体走向270°～290°，西段倾向北东，东段倾向南西，倾角50°～70°，为一逆断层。震区处于断层东段。断裂在地貌上线性构造较清晰，有断层沟谷及断层垭口地貌。

2）断层新活动性鉴定

在恶霸山一带发育两条近平行的断层，控制了石炭系和二叠系地层的分布，表现为北支石炭系地层向北逆冲于二叠系地层之上，南支石炭系地层向南逆冲于古近纪地层之上，使石炭系地层呈断块状产出，断层地貌表现明显，航、卫片影像线性特征清晰，表现为有断层沟谷及断层垭口地貌（图2-1-12，点S131）。

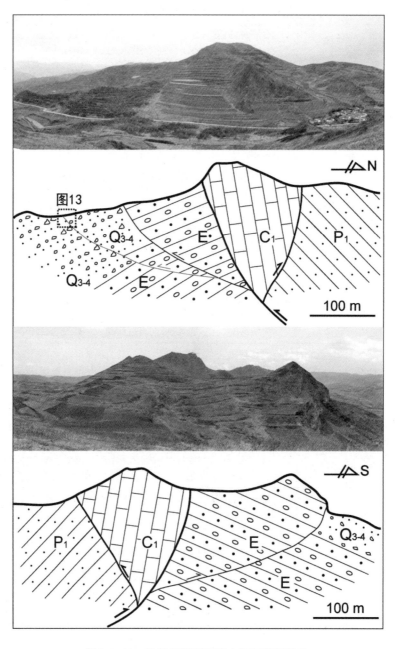

图2-1-12　柏林口断层恶霸山垭口断层地貌

现场填图考察发现，断层最新的活动表现为南支向南逆冲推覆，断错了古近纪地层及其上覆晚更新统冲洪积砂砾石（图2-1-13，点S129）。剖面中揭示出F1和F2两条断层，F1断层倾向南，倾角约37°，逆冲断错砾石与中细砂互层约60 cm（图2-1-13d）；F2断层倾向北，倾角约25°，逆冲断错砾石与中细砂互层约70 cm（图2-1-13e），并且F2断层面被F1断层断错。剖面中断层上覆灰黑色坡积层未被断错（样品MX17所示位置），表明柏林口断层最新的活动可能为晚更新世中晚期。

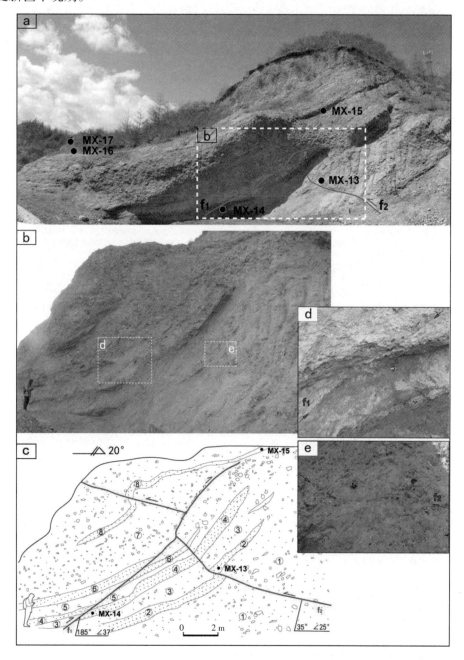

图2-1-13　柏林口断层恶霸山垭口南探槽剖面

在石川乡崖跟里（点S127），断层通过处表现为较整齐的北高南低的陡崖及垭口地貌，断层断错了南河T2，T3阶地；但T1阶地未见构造变形（图2-1-14），表明柏林口断层最新的活动可能为晚更新世中晚期。

图2-1-14 柏林口断层崖跟里断层地貌

此外，大坪北公路边剖面上，可见到多条断层，主断层面上发育紫红色断层泥，热释光测年结果为（81.9±8.8）ka，说明该断层为一条晚更新世活动断层（何文贵等，2013）。

另外，2003年11月13日在甘肃省岷县-临潭-卓尼发生5.2级地震和2004年9月7日发生的岷县-卓尼5.0级地震均可能与该断层的新活动有关，因此，综合判定该断层应为晚更新世以来仍在活动的断层。

（2）木寨岭断层（F2）新活动性鉴定

1）断层概况

断层西起临潭县王旗乡西北，向东经过洮河后经木寨岭南侧延伸到漳县石川乡，长约60km。总体走向285°，倾向北东，倾角50°~80°，具逆断层性质。在地貌上线构造明显，有较清楚的断层沟槽、断层崖、断层陡坎及断层三角面等。

2）断层新活动性鉴定

在木寨岭一带可见到反向断层陡坎（图2-1-15a），在木寨岭南侧探槽剖面（图2-1-15c，点S102）上，断层带上发育有10 m厚的断层泥，断层泥的热释光（TL）测年结果为距今（65.6±7.3）ka，断层顶部被晚第四纪坡积物所覆盖，热释光测年结果为距今（38.6±4.7）ka，说明该断层晚更新世中期有过活动（何文贵等，2013）。

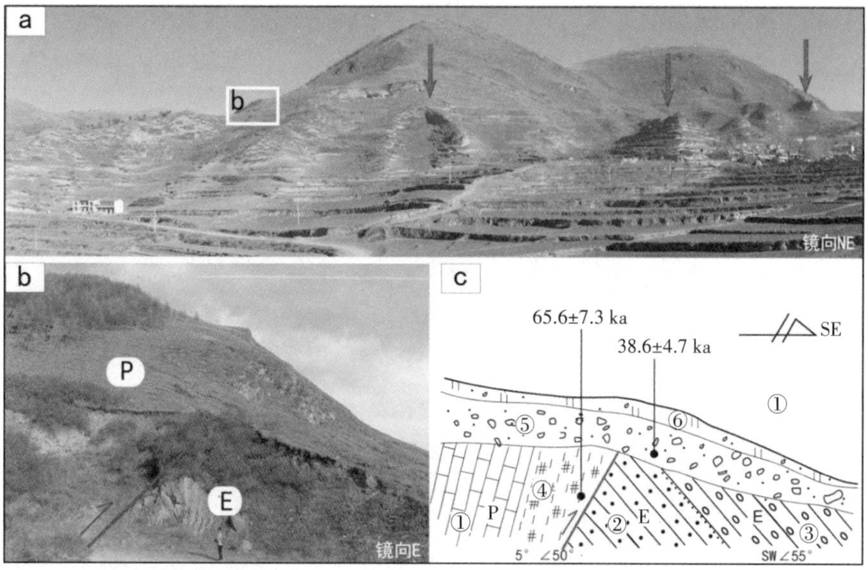

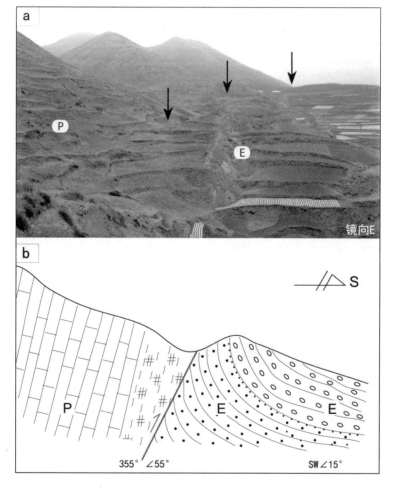

a为木寨岭西断层沟槽及反向陡坎（镜向NE）。b、c为黄水泉探槽剖面：①表土层，②坡积砂砾石层，③石灰岩，④砂岩，⑤砾岩，⑥断层破碎带。

图2-1-15　木寨岭断层黄水泉断层地貌

在寺扎-峪谷一带可见到反向沟槽负地形，地貌上表现为多个连续的槽形谷地和反向陡坎（图2-1-16a，点S158）；断层北侧的二叠系灰岩逆冲至古近纪砂岩和砾岩之上；近断层处砂岩掀斜变形强烈，断层破碎带宽约20 m，多被侵蚀成沟槽负地形（图2-1-16b）。

图2-1-16　木寨岭断层峪谷村断层地貌

在寺扎村北，断层从山前通过（图2-1-17），发育在古近纪砂岩中，断错紫红色砂岩。断层产状：5°∠20°，形成宽5～10 cm的断层挤压构造透镜体，并断错其上覆的晚第四纪黄土（图2-1-18b、c）；断层通过处，冲沟的T2冲洪积阶地发现明显的构造变形（图2-1-18d），表明木寨岭断层晚更新世早中期有过活动，晚期可能不再活动。

图2-1-17　木寨岭断层寺扎村断层地貌

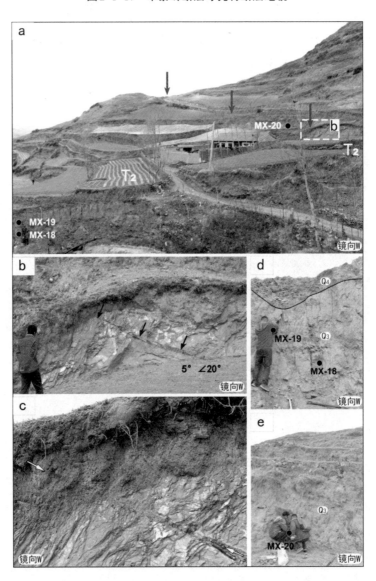

图2-1-18　木寨岭断层寺扎村断层地貌及断层剖面

在坟里北（点S140），洮河北岸的冲沟内发育三级阶地；断层活动使二叠系板岩逆冲至新近纪地层之上，并使上覆的T3阶地发生掀斜变形，阶地面反倾（图2-1-19），表明此处木寨岭断层晚更新世早期有过活动。

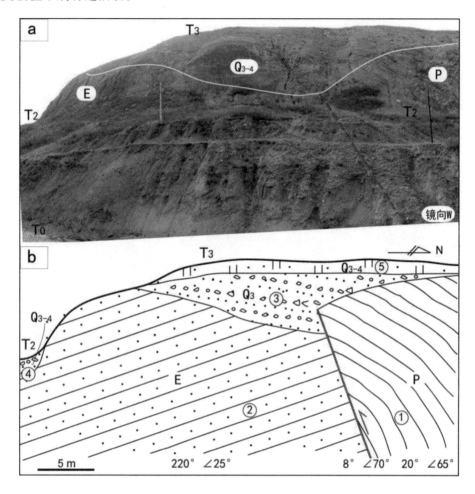

图2-1-19　木寨岭断层坟里断层剖面

综合上述野外地质观测剖面，判定木寨岭断层应为晚更新世以来仍在活动的断层。

（3）禾驮断层（F5）新活动性鉴定

1）断层概况

该断层是通过地震现场考察和灾后重建活断层调查而确定的晚第四纪活动断层。断层西起岷县王旗乡以东，向东经西江镇北、梅川乡永星村西北，向南东经禾驮乡、古儿拉村到闾井镇新庄沟村南东，长约70 km。总体走向320°，倾向北东，倾角60°～80°，具逆冲性质。断层在大部分地区都断错在二叠系地层内部，在朱麻滩可见到二叠系由北向南逆冲到古近系之上，倾角可达67°。在地貌上线构造较明显，永光村、永星村和拉路村一带，表现为断层北东侧为古近系与二叠系组成的高山，南西侧为黄土梁。在拉路村至安家山一带可见到较整齐的线状崖。

2）断层新活动性鉴定

由安家山往西，野外调查发现多个断层晚第四纪活动剖面，如朱麻滩东、朱麻滩、拉路东、杨家湾、中寨镇红石头村等剖面。

朱麻滩东剖面：在安家山西，朱麻滩东的一冲沟内发现断错晚第四纪地层的断层剖面（点S37、S142、S143）。经探槽开挖、清理，探槽东壁断层上盘为①层Q$_{2-3}$冲洪积砾石层，下盘下部为②层Q_3黄土，中部为③层Q_{3-4}次生黄土，上部为④和⑤层Q_4坡积砾石层（图2-1-20a、b）；断层活动以逆冲为主兼具走滑性质，断错了③层顶界，可能影响到④层底部（图2-1-20c）。

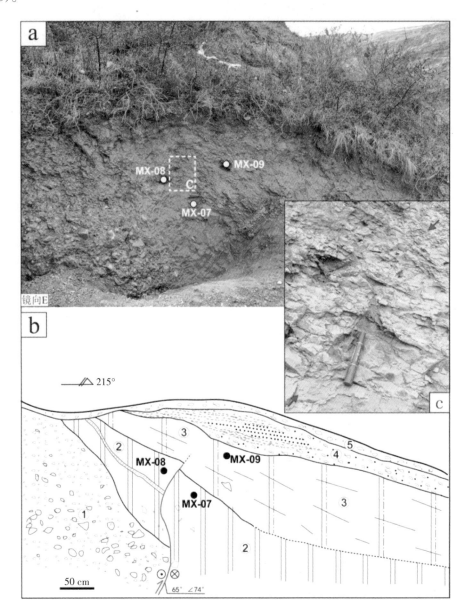

图2-1-20　禾驮断层朱麻滩东探槽东壁剖面

　　朱麻滩东探槽西壁揭示断层发育在晚第四系地层中，共划分出六套地层，除了最表层的层⑥外，其余地层均北断错（图2-1-21）。探槽底部揭示出断层上盘层①Q_{2-3}冲洪积砾石层逆冲于下盘层②Q_3黄土之上（图2-1-21b），并使层③中厚2 cm的棕红色粉砂质黏土层断错，错距约30 cm（图2-1-22）；层④中棕红色透镜体发生褶曲变形（图2-1-21a、c），断层活动影响到层⑥底部，但地表未见明显的构造变形。

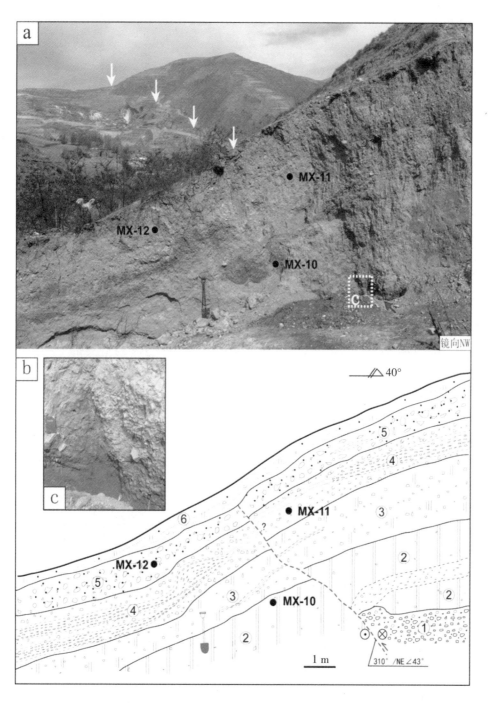

图2-1-21　禾驮断层朱麻滩东探槽西壁剖面

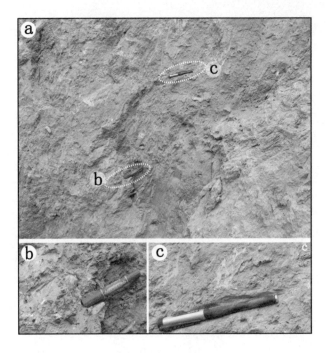

图2-1-22 禾驮断层朱麻滩东探槽西壁标志层断错

朱麻滩剖面：在朱麻滩公路边，可见两条断层，北支二叠系由北向南逆冲到Q_{2-3}砾石层之上，倾角可达70°；断层面发育紫红色和青灰色断层泥带，厚约10 cm；南支发育在Q_{2-3}砾石层中，倾角约68°；断层断错T2阶地，但T1阶地未见明显断错及构造变形（图2-1-23，点S106）。

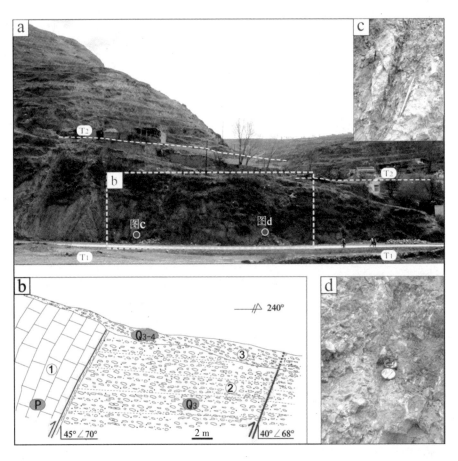

图2-1-23 禾驮断层朱麻滩公路边断层剖面

拉路东剖面：在拉路村东老公路边上见到断层剖面（图2-1-24、图2-1-25，点S141），地貌位置相当于Ⅲ级阶地。剖面高度约为20 m，出露紫红色残积砾石，砾石呈次棱角-棱角状，一般粒径为3～5 cm，未胶结，层理不明显，由地貌位置判断，该地层的时代应为中晚更新世。剖面上出露的断层断错在该地层内部，沿断层面有砾石定向排列，呈带状，宽5～10 cm，其上部均被全新世坡积砂砾石层覆盖。断层走向为310°，倾向北东，剖面东西两壁倾角分别为55°和60°。由剖面上断层地层来看，断层在第四纪中晚期应有过活动。

图2-1-24　禾驮断层拉路东老公路边东壁断层剖面（1）

027

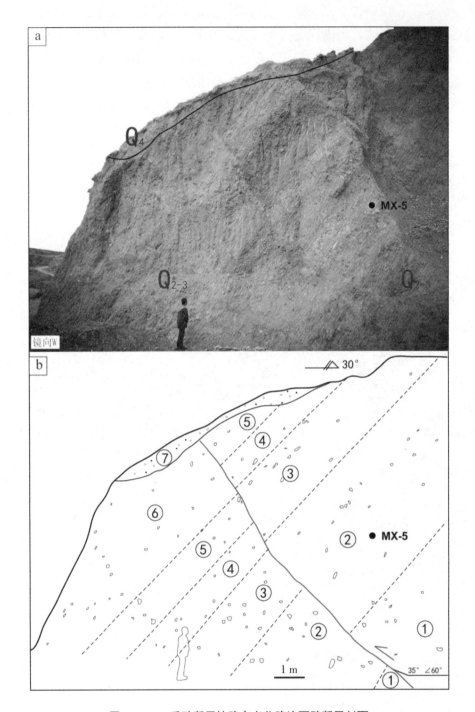

图2-1-25 禾驮断层拉路东老公路边西壁断层剖面

杨家湾剖面：在杨家湾东一条大沟内，见到断层剖面（图2-1-26，点S163），地貌上相当于Ⅳ级阶地（图2-1-26a）。剖面出露高度约20 m，剖面所在的长梁由于其两侧的冲沟侵蚀，长梁发生小规模滑坡，使断层面向南滑动约20 m（图2-1-26b）；剖面揭示，断层上盘二叠系灰岩逆冲于下盘古近纪砂岩之上，形成宽约30 m的挤压破碎带；靠近断层，下盘砂岩被推覆、褶曲变形，地层近直立；原来断层砂岩地层产状逐渐变缓（图2-1-26c、d）。

图2-1-26　禾驮断层杨家湾东断层剖面

　　中寨乡红石头村剖面：在中寨乡红石头村可见到反向沟槽负地形，地貌上表现为多个连续的槽形谷地和反向陡坎（图2-1-27a、图2-1-28a，点S137、S138），地貌上相当于洮河Ⅳ级阶地。断层发育在二叠系灰岩中，北盘向南盘逆冲，断层面倾向NE，倾角约70°，形成反向断层陡坎及断层槽谷（图2-1-27b、c），断层带附近挤压破碎强烈。在断层槽谷中发现晚第四纪地层剖面，剖面高约4 m（图2-1-28b、c）。红石头村北西发育一规模巨大的滑坡，滑坡体长900 m，宽150～350 m，滑坡前缘直抵洮河河床（图2-1-28a）；该滑坡出现过多次大规模滑动，据当地村民介绍，最新一次滑动距今约100年。由于禾驮断层从滑坡体中间穿过，因此滑坡体的活动与断层的活动有一定的关联性。

　　槽谷内地层剖面中未发现断层；但受断层活动的影响，剖面中的层①黄土层、层②土黄色粉细砂层发生明显的构造变形；层③青灰色粉细砂层底部也可能受断层活动影响，而其上部及其上覆的层④土黄色粉细砂层和层⑤耕作土层未见扰动变形（图2-1-28b、c）。剖面中"通天"裂缝发育，但均向下延伸不长，且层间地层未见错动（图2-1-28d）。

综合分析，认为该段禾驮断层在晚第四纪早期可能发生过活动。

图2-1-27 禾驮断层红石头村断层地貌及断层剖面（1）

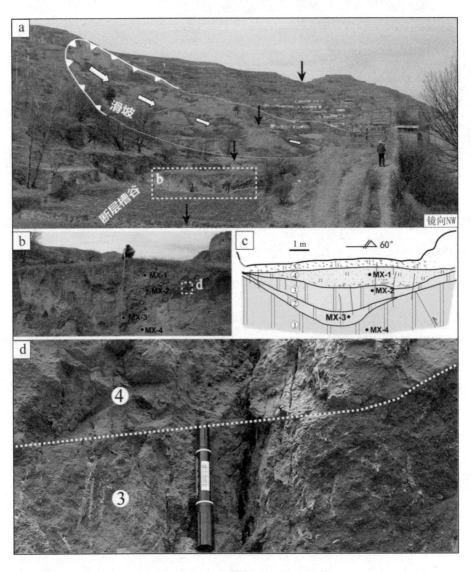

图2-1-28 禾驮断层红石头村断层地貌及地层剖面（2）

目标区内共有10条断层，在资料收集与综合整理、高精度遥感影像处理与解译的基础上，对岷县所在的临潭–宕昌断层东段的多条次级断层开展了详细的野外调查与核实，获得目标区及邻近地区有地表露头活动断层的分布、几何形态与活动方式等特征，包括位移测定、错断地质体等；初步鉴定了各断层的活动性质及活动性。其中，柏林口断层（F1）和木寨岭断层（F2）为晚更新世中晚期活动断层，禾驮断层（F5）为晚更新世晚期–全新世早期活动断层，其他7条断层为早–中更新世或前第四纪活动断层。

2.2 岷县–漳县目标区F2、F5活断层遥感解译

2.2.1 解译数据源

目标区位于甘肃省南部山地地区，为洮河流域的上游地区，基岩山脉海拔3000 m以上，断裂带整体为走滑和逆冲为主，在遥感解译过程中我们选择数据源的标准主要有两个：一个是影像数据本身的质量，云层含量的多少，影像的空间分辨率要高；另一个是影像的时效性，要覆盖岷县–漳县6.6级地震最近的震前、震后数据，以准确解译同震次生地质灾害的准确性。

因此本次遥感解译的数据准备主要有以下几个方面（表2-2-1）：

表2-2-1 国产高分辨率及Google Earth卫星影像列表

编 号	卫星型号	成像时间/年	空间分辨率/m	数据类型
1	GF-1	2013—2015	2 m、8 m	全色/多光谱
			16 m	宽幅
2	GF-2	2015—2016	0.8 m、4 m	全色/多光谱
3	Google Earth	2001—2016	0.6～2 m	融合影像
4	天地图	2012—2016	2～8 m	融合影像

（1）国产高分辨率影像数据GF-1、GF-2：GF-1的全色分辨率达到2 m，多光谱的分辨率为8 m，宽幅影像的分辨率为16 m，GF-2影像的全色分辨率为0.8 m，多光谱为4 m。

（2）Google Earth历史影像：随着近年来Google公司对全球高分辨率卫星存档数据的持续更新发布，在目标区覆盖了2009—2016年大量的高分辨率光学影像，对本次解译提供了必要的保障。

本项目高清影像选用了高分一号（GF-1）及高分二号（GF-2）卫星影像。

高分一号卫星是中国高分辨率对地观测系统的第一颗卫星，由中国航天科技集团公司所属空间技术研究院研制，首星"高分一号"于2013年4月26日在酒泉卫星发射中心由长征二号丁运载火箭成功发射。2013年12月30日，国家国防科技工业局在京举行"高分一号"卫星投入使用仪式，"高分一号"卫星正式投入使用。"高分一号"卫星突破了高空间分辨率、多光谱与高时间分辨率结合的光学遥感技术，多载荷图像拼接融合技术，高精度高稳定度姿态控制技术，5～8年寿命高可靠卫星技术，高分辨率数据处理与应用等关键技术，对于推动我国卫星

工程水平的提升，提高我国高分辨率数据自给率具有重大战略意义。

"高分一号"是中国高分辨率对地观测系统国家科技重大专项的首发星，它配置有2台2 m分辨率全色/8 m分辨率多光谱相机和4台16 m分辨率多光谱宽幅相机，设计寿命5～8年。"高分一号"卫星具有高、中空间分辨率对地观测和大幅宽成像结合的特点，2 m分辨率全色和8 m分辨率多光谱图像组合幅宽优于60 km，16 m分辨率多光谱图像组合幅宽优于800 km，为国际同类卫星观测幅宽的最高水平，从而大幅提升了观测能力，并对大尺度地表观测和环境监测具有独特优势。

"高分二号"卫星是2014年8月19日11时15分我国在太原卫星发射中心用长征四号乙运载火箭成功发射的遥感卫星，是我国自主研制的首颗空间分辨优于1 m的民用光学遥感卫星，同时还具有高辐射精度、高定位精度和快速姿态机动能力等特点，实现了亚米级空间分辨率、多光谱综合光学遥感数据获取。卫星搭载有2台高分辨率1 m全色、4 m多光谱相机，幅宽45 km。

为突出显示一些构造体的细节与视觉效果，本工作还使用了目标区25 m分辨率DEM数字高程数据与多光谱影像相结合，生成三维数字影像，多角度显示，增强了遥感影像的可读性，有助于地质构造分析。

Google Earth历史影像在岷县-漳县6.6级地震的宏观震中区周边的部分地区，公布了震前一个月和震后两个月的高清影像，对识别该次地震的同震次生灾害的范围及规模有非常好的效果。

此外，在地名参考中使用了天地图中有关矢量和地名信息作为参考，在同震滑坡及历史灾害滑坡中使用了Google Earth和天地图的三维显示功能，另外使用了SRTM拼合影像资料。

2.2.2　影像数据和解译方法

针对下载的"高分一号"及"高分二号"高分辨率卫星影像资料（图2-2-1a、b），我们对下载的数据采取精确配准并利用各自的全色影像与多光谱影像进行融合，生成高分辨率的融合影像，参与后续的遥感解译。

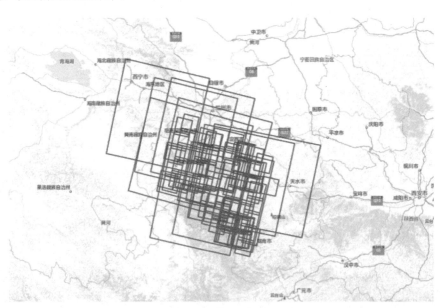

a.

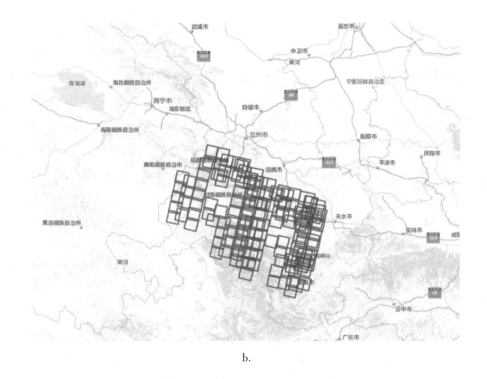

b.

图 2-2-1　GF-1 和 GF-2 卫星影像数据在研究区的覆盖分布情况

由于高分数据的全色与多光谱影像分别由不同的相机拍摄，在空间位置的一致性方面存在稍许偏移，因此在影像融合的第一步是利用已有的地理坐标如地形图或其他已配准的影像对全色影像进行配准，第二步是利用配准后的全色影像配准对应的多光谱影像，第三步是在 ENVI 或 ArcGIS 软件中对配准影像进行融合。

受卫星重访周期、发射时间及影像成像时目标区及周边的气象环境，本次解译使用目标区 GF-1 卫星影像的宽幅影像 2 幅，GF-1 全色多光谱融合影像共计 9 幅，GF-2 卫星影像的融合影像共计 7 幅。各影像的覆盖范围如图 2-2-2 所示。

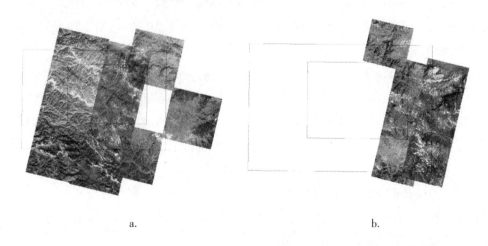

a.　　　　　　　　　　　　　　　　b.

图 2-2-2　各影像的覆盖范围

图 2-2-2a 为 GF-1 融合影像的覆盖范围，图 2-2-2b 为 GF-2 融合影像的覆盖范围，小矩形为目标区调查范围，大矩形为扩展调查区范围。

从图中可以看出 GF-1 影像覆盖了目标区的绝大部分面积，成像质量良好；GF-2 影像主要覆盖在目标区东部及周边地区，GF-1 与 GF-2 影像的结合可以完成目标区主要活动断层的解译及成果图的编制工作。

活动断层的高分辨率遥感解译方法采用传统的机助目视综合解译方法，即在前期资料调研分析的基础上，从断层沿线的线性显示、相关地貌单元的变形、影像色调纹理等差异来识别断裂的分布位置，根据解译者野外踏勘和调查的结果，结合质量较好的影像数据沿着可能的断层展布位置在ArcGIS环境下逐段逐条识别提取出各条断层，在确认是否有断层的情况后，对有断层遗迹存在的区域进一步通过高分辨率影像的分析，识别其对沿线各地貌单元的改造作用，如对河流阶地的变形迹象识别、对洪积扇前缘的位错等，进一步识别出各条断层在具体地段可能的更详细的次级断层组成。当然，遥感解译的结果一定要结合野外验证才能最后确认完成。

本次解译过程中在前期踏勘和目标区断层初步解译的基础上，重点对目标区F2木寨岭断层和F5禾驮断层的出露位置及沿线的构造地貌进行了较详细的分析，F5断层与岷县-漳县6.6级地震的宏观震中和仪器震中位置较吻合。

由于目标区的断层从整个区域构造格架来说位于成组的逆冲兼有一定程度的走滑运动为主要特征，一般来说，而逆冲断层的遥感解译相比正断及走滑来说其识别要素要少很多，如果其活动强度较弱，遥感解译在相关微地貌单元的识别方面存在一定的局限性。

本次解译为了克服上述的解译局限性，在活动断层解译的方法和数据使用方面，结合了Google Earth数据及三维立体显示对局部地形的立体展示优势，GF-1和GF-2融合影像的现势性特点和对各条断裂带的出露位置进行了较细致的解译。

针对目标区同震次生地质灾害的解译方法，采用震前和震后相隔时间较短的成像数据解译极震区及周边的次生灾害，确保影像质量的真实性可靠性，避免在震前卫星影像质量准备不足的情况下，单纯根据震后影像的高亮色调识别出在震前已经存在的"滑坡"或"人工改造区"等错误信息，扩大受灾影响程度，导致对一次中强地震引起的震害强度认识上的偏差。值得指出的是本次利用了Google Earth中同在2013年的两期影像对其进行了对比解译，发现了一些有趣的地貌现象。

目标区历史地震次生灾害的解译原理与同震次生灾害的解译原理相近，但有区别。主要原因是历史地震次生灾害因不同地区的地震事件序列不同，导致各次事件宏观震中区的次生灾害规模不等，另外，随着人工改造和地表自然侵蚀，原有的小规模滑坡体在现在的影像上出现了无法识别的现象，但是对于规模较大的滑坡体，虽然经历较长时间的地表作用和人为改造，仍完整保留着滑坡当时的规模轮廓，通过三维立体影像显示可以有效识别出来。因此，目标区F2、F5及周边历史地震次生灾害的识别结果实际上是对最近以来的一次或几次事件所造成的全部震害信息进行识别，而不是全部。尽管如此，通过历史地震次生灾害滑坡体的识别结果仍可以恢复这一地区的地震历史，结合部分史料对事件进行区分厘定，特别是降低对历史强震史料不足导致的震级认定上的不确定性。

从本次遥感解译的结果来看，目标区岷县县城及周边还是发育了规模不等且相对集中成条带的历史滑坡体，部分滑坡体的规模较大，这为认识这一地区的主要逆冲断层的晚第四纪的活动特征带来重要的证据资料。

本次解译使用高分辨率卫星影像，因此对解译的结果无论同震滑坡、地震前规模较小的滑坡体，还是历史地震滑坡，均采用勾勒滑坡体的范围来表述某个滑坡的存在，对滑坡体的具体形态特征，如长度、宽度、滑坡体发生的海拔高度、岩性等信息可以在后续开展详细的分析研究。这部分工作可以为目标区断层活动性的综合分析带来便利。

2.2.3 解译结果

目标区出露的主要断层包括：F1为柏林口断层，F2为木寨岭断层，F3为顾家沟-尖山断层，F4为棉柳滩山-结山沟断层，F5为禾驮断层，F6为所里沟-石门断层，F7为勾门断层，F8为奈子沟断层，F9为临潭-宕昌断层，F10为岷县北断层（图2-2-3）。

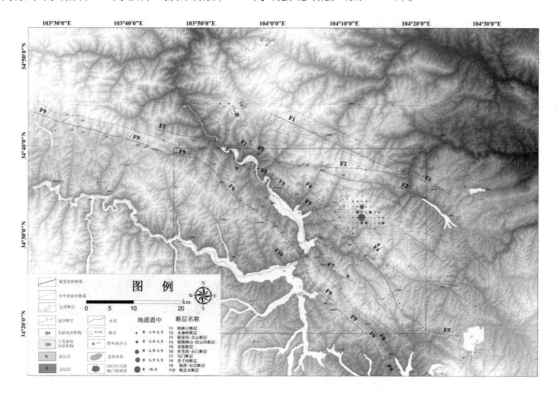

图2-2-3　目标区及周边地区主要断层的解译

目标区的主要出露断层有F2、F5和F9 3条断层。目标区的其他断层散布于F9、F5和F2之间，多分布较为零散，延伸规模较短，为目标区内的次级断层。其晚第四纪活动特征不明显，应属于第四纪早期或前第四纪活动断层。其中，F5断层与F2断层沿线次生地质灾害分布与岷县-漳县6.6级地震的主震及余震关系较为密切。F9断层作为穿过岷县盆地的控制性断层，是目标区内出露长度最长的断层，走向NW，目标区延伸长度超过60 km，该条断层在卓尼县以北控制老第三纪地层与新第三纪地层的边界，在西沟村至岷县段主要出露于山脉的北侧，在岷县东北穿过洮河河床，从河流阶地面变形的野外调查和遥感解译来看，其对洮河较新阶地的改造未见变形证据。在目标区的东南部，F9断层切过新第三纪地层，延伸出目标区。

对目标区1：1万条带状填图工作由其他协作单位完成。本部分仅就F2和F5断层的空间位置精细解译及沿线变形地貌做说明。

F2断层也出露在目标区的东北角，位于F1以南，被F1所截止，在洮河右岸的中寨乡附近延入研究区，走向近NWW，经过小寨、水坪、峪谷、板桥等地后逐渐终止于F1的南侧，该条断层在目标区延伸35 km。

F5断层是目标区内的主要断层，也是岷县-漳县6.6级地震的发震断层，西断层走向为NW向，NW段沿洮河河谷延伸，SE段沿洮河支流延伸，切过晚第三纪地层，并在洮河河谷中穿过河床。目标区出露长度60 km。从遥感影像上观察尽管F5断层沿线在地貌上有显示，但是该条断层在洮河河谷沿线的河流阶地及最新坡积洪积扇体的改造方面，未见最新的活动迹象，因此其全新世的活动性在影像上特征不明显。F2、F5沿线各时期强震次生灾害频繁，其周边解译的地震次生灾害分布如图2-2-4所示。

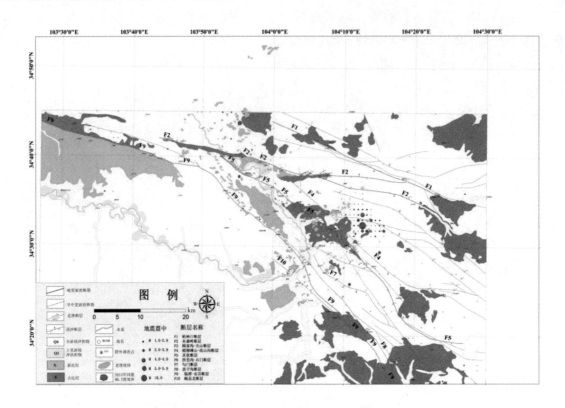

图2-2-4　目标区解译的地震次生地质灾害分布图

从图中可以看出，目标区的2013年同震次生地质灾害的分布范围基本与余震的分布条带吻合，沿着F5断层的东北盘延伸，集中分布区集中在民光村和洮河河谷右岸部分次级沟谷的两侧，解译的滑坡体数超过700个，多为中小规模的滑坡体，仅在宏观震中，村庄的滑坡体造成数幢房屋掩埋，人员损失较大。

目标区历史次生灾害的分布范围相比同震次生地质灾害来说，具有两个明显的特点：

（1）分布范围较广，在梅川镇至中寨乡的洮河河谷两岸分布着大量的历史地震滑坡体，集中分布区主要位于山脉的中上部。

（2）历史滑坡体的整体规模较大，解译的滑坡体数量超过300处。

图2-2-5为洮河河谷在西江镇左岸和右岸的次生灾害分布情况，从图中可以看出，洮河左岸西江镇以西的山麓分布有大量的历史地震次生灾害体（蓝色线轮廓），地貌上的表现为滑坡体的后缘轮廓清晰，部分滑坡体的前缘堆积形态保留较为完整，单个滑坡体的面积超过10 000 m²，滑坡体的后缘接近沟谷的顶面，前缘抵达沟谷的谷地，滑坡体的垂直延伸超过300 m的较多。在洮河右岸滑坡体的分布规模相对较少，多分布在F5禾驮断层的东北侧，虽然2013年滑坡体主要发生在次级支沟的两侧，但是也有部分同震滑坡体发生在历史滑坡体的后缘上（图2-2-6），显示了历次地震之间复杂的继承与新活动的特征。

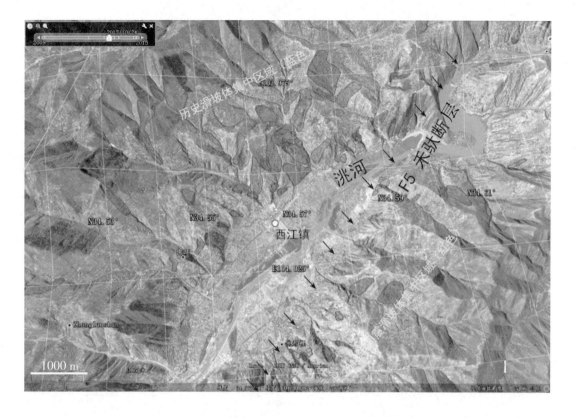

图2-2-5 洮河河谷西江镇附近地震次生灾害分布情况

a.震前影像2013-06-28历史滑坡体解译分布范围

b.震后影像2013-10-24同震滑坡体解译分布范围

图2-2-6 历史滑坡体上新的同震滑坡体的分布情况

图2-2-6为集中发育的历史滑坡体，图中可以看出历史地震的滑坡体成片分布，且规模巨大，滑坡体的滑距在500 m以上，最大的滑坡体长度超过1 km，部分滑坡体上目前仍分布着村庄，而新的滑坡体发育在老滑坡体上。图2-2-7为洮河右岸中寨镇附近的滑坡体集中分布区域，从两期影像来看，2013年5月29日的影像上可以识别出的历史滑坡体约有6处，而在地震后的2013年10月24日影像上新滑坡体沿河谷谷壁密集分布，部分也发生在老滑坡体的局部区域。

a.地震前影像（2012-05-29）

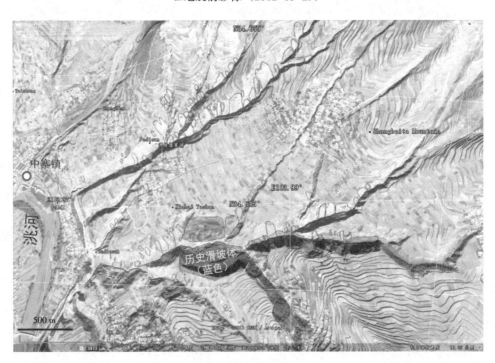

b.地震后影像（2013-10-24）

图2-2-7　历史地震滑坡与当今同震次生地质灾害的空间位置分布情况

　　从图2-2-7中还可以推断：历史地震可以造成如2013年地震一样的定量规模较小的滑坡体，只是随着时间推移，原来的小规模滑坡体被侵蚀改造，而保留下来的规模较大的历史滑坡体则记录了历史上地震事件的发生，尽管还不能确认地震事件的次数。

　　图2-2-8为岷县-漳县6.6级地震宏观震中附近一个典型的历史地震滑坡体，该滑坡体的延伸长度超过500 m，距离宏观震中距离约3 km，后缘标高2 714 m，前缘标高2 493 m，滑坡体宽度约120 m，该滑坡体在此次事件中未见明显的新活动，该滑坡体记录了历史上的某次地震灾害事件。

图2-2-8　岷县-漳县6.6级地震宏观震中附近的一个典型的历史地震滑坡体

图2-2-9为岷县-漳县6.6级地震宏观震中两处大滑坡体损毁村庄的历史影像对比分析照片。从图中可以看出，在地震前一个月拍摄的影像中，属于滑坡体轮廓出露的范围内出露有农田，并分布有基座相邻的村庄，在2013年10月的影像上，可以看出同震滑坡A造成四座院子的房子的损毁，而同震滑坡B则造成右侧2处房屋的损毁，位于两处滑坡中间的房屋则因滑坡物质堆积及地震强烈震动而受损严重。

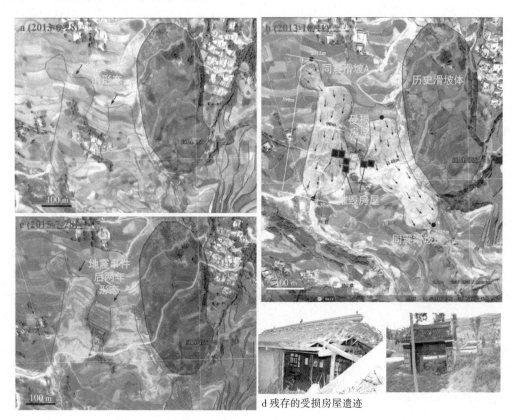

d 残存的受损房屋遗迹

图2-2-9　岷县-漳县6.6级地震宏观震中附近的同震滑坡体及历史滑坡体分布情况

需要指出的是，在以上两处滑坡体的右侧，解译发现了一处历史滑坡体，滑坡体的规模较滑坡A和滑坡B规模要大，在地形上表现为完整的黄土高原黄土滑坡体的特征，滑坡体侧缘分布有滑坡活动引发的擦痕。由此可见，该滑坡体是F5禾驮断层在较早前的一次地震事件的诱发，但是，在本次地震中未见新活动。

图2-2-9中还有一个需要注意的现象是地震滑坡尽管震时壮观，但黄土高原地区的人为改造和自然植被的覆盖，对这两处滑坡体的改造较为强烈，如2015年7月的影像上两处滑坡体已被恢复为梯田和纪念场所，原有的滑坡体的轮廓已不明显。

综上所述，目标区F2和F5沿线的同震滑坡体集中分布在梅川镇至中寨镇洮河右岸的河谷侧，滑坡体的规模多以中小型为主，表现为一定坡形条件下的崩塌和滑坡，部分滑坡体发育在老的历史滑坡体的后缘陡壁上。目标区历史地震滑坡体主要集中分布在洮河的河谷两岸，其左岸分布的密集和规模要比右岸大，显示这一地区在晚第四纪以来断层的活动特点。

需要指出的是：

（1）本次解译的与岷县-漳县6.6级地震的同震滑坡主要利用震前、震后时效性较强的几期高分辨率影像解译而获取，解译准确性较高，从灾害的分布情况来看，除在宏观震中永光村两处破坏房屋的滑坡体较为显著外，其分布集中在洮河右岸F5断层延伸部位，目标区内在F2与F5相邻的西段也有大量分布，此次地震的同震滑坡体总体表现为具有一定坡度的斜坡体上松散土体（黄土为主）的坍塌或滑塌，表现在影像上为高亮色调，震前、震后在影像上对比明显。

（2）在本次解译过程中发现，在地震之前沿F5断层沿线的部分沟谷受强降雨过程或人为改造作用，部分沟谷壁发育有少量的滑坡体或无植被覆盖，在震前的影像上即表现为高亮色调，部分震前滑坡体位置在震时发生同震滑坡，但仍有不少部位震后未见发生明显规模的滑坡体，即单纯依靠震后的影像来解译同震滑坡体可能会错误地把震前存在的其他成因的滑坡体（裸露土体等）视为同震滑坡，从而造成解译结果的夸大，给科学研究带来一定的人为不确定性，这在后续工作中一定要注意尽可能用多时相数据综合比较，尽可能减少因为数据覆盖的时效性带来解译结果的不缺性。

（3）F2和F5断层的中段及西段解译发育较密集的规模较大的历史滑坡体，无论在影像上还是在野外观察中均较为显著，各滑坡体对局部地形地貌的塑造具有支配作用，尽管目前还不能通过测年手段获得滑坡体的准确发生年龄，但是从黄土高原地区巨型滑坡发生与强震的密切因果关系来看，目标区已经发现的密集滑坡体群揭示了目标区F2和F5断层在晚第四纪以来曾有至少强度强于2013年地震的地震事件发生，特别是F5断层沿线的次生地质灾害的密集程度表明该断层的强震发生能力。

（4）前已述及，已解译的巨型历史地震滑坡体可能对应一次或多次强震事件，而对历史地震事件触发的规模较小的滑坡体，我们无法利用现在的影像去提取，2013地震的部分同震滑坡体发生在较大规模滑坡体的后缘坡度较大的部位，规模不大但数量较多且较集中发育，因此，从目标区较大规模的滑坡体地貌与历史强震关系的角度，我们认为现在解译的规模较大的滑坡体尽管在其主体发生后还可能经历后续的地震事件和地表过程（包括降雨）改造，但是其主体的地貌特征仍反映了其最初的滑动结果，依据较完整的历史滑坡体的空间分布和有效的成生年龄结合地震地质野外工作，有可能回溯目标区的历史地震事件序列。

2.2.4　F2木寨岭断层1∶1万条带状遥感解译图

图2-2-10为F2木寨岭断层1∶1万条带状遥感解译图。从图中可以看出，F2在目标区主要沿洮河右岸的岷山南麓展布，部分河段发育有坡中谷地貌，但断层的线性特征连续性差。

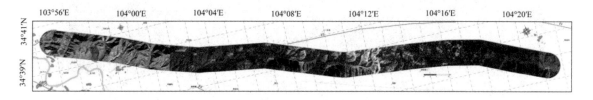

图2-2-10　F2木寨岭断层1∶1万条带状遥感解译图

图2-2-11为F2木寨岭断层，该断层在目标区出露的最西段，位于洮河右岸，影像上未见明显的线性地貌特征，但是该段内发育有约10处历史地震滑坡体，最大一处位于红石崖村右岸，滑坡体后缘高程2 720 m，前缘剪出口2 265 m，垂直落差455 m，滑坡体长度1 900 m，平均宽度700 m，为一巨型滑坡体，滑坡体前缘为村庄。此外，该段内发育有规模相对较小的2013年同震滑坡体，部分位于历史滑坡体的后缘坡度较大处。

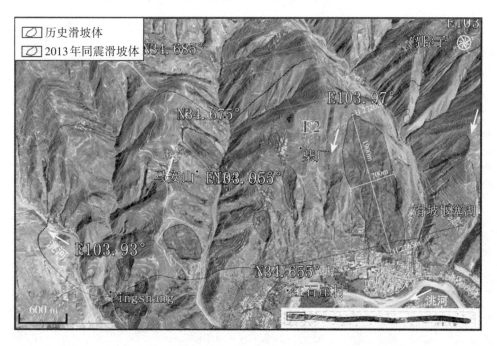

图2-2-11　F2木寨岭断层目标区近洮河右岸段影像地貌特征

图2-2-12为F2木寨岭断层鸡脖子至王大沟段的影像特征，从该图中可以看出断层沿着基岩与黄土覆盖的边界处延伸，线性特征不发育，在断层以南的部分沟谷中发育有密集的2013年同震滑坡体，也发育零星的历史地震滑坡体，滑坡体的宽度约500 m，垂直落差80 m。

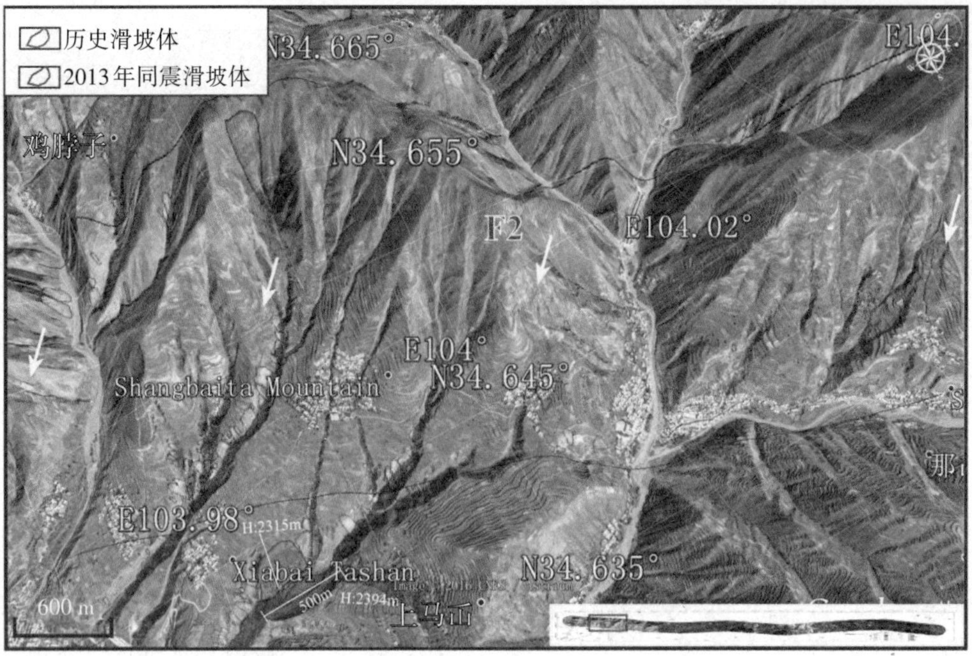

图2-2-12　F2木寨岭断层鸡脖子至王大沟村段影像地貌特征

　　图2-2-13为哈治沟段F2木寨岭断裂的延伸情况，该段延续鸡脖子段的地貌特征，断层沿河谷右岸的基岩与黄土界限延伸，地貌上未发现连续的线性地貌特征。

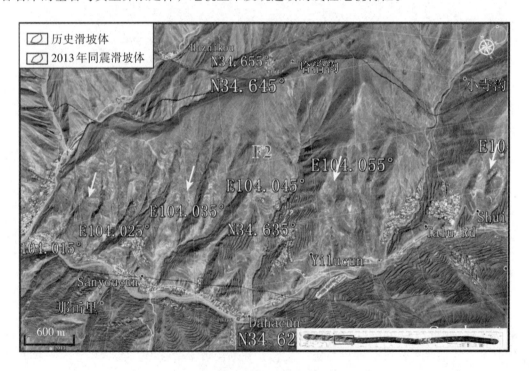

图2-2-13　F2木寨岭断层哈治沟段影像地貌特征（1）

　　图2-2-14为上湾至马路沟段的延伸展布情况，断层的线性特征不够清晰，宏观地貌表现为槽谷地貌，为岷山南麓的坡中槽谷地貌，发育有沿断层走向展布的河谷冲沟。

　　图2-2-15为木寨岭断层在大条口附近的线性延伸情况，在该段的大条口村表现为明显的槽谷地貌，槽谷两次的谷肩高度一致，发育有沿断层走向的冲沟，反映了断层的构造作用导致物质较为破碎松散，易于侵蚀而形成沿断裂带走向发育的冲沟。

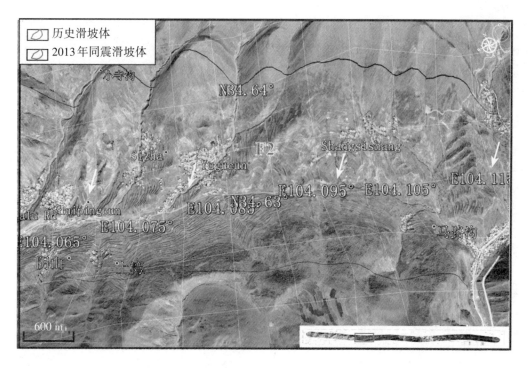

图2-2-14　F2木寨岭断层哈治沟段影像地貌特征（2）

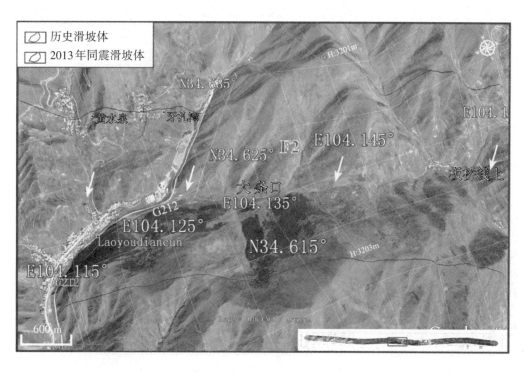

图2-2-15　F2木寨岭断层大条口段影像地貌特征

　　图2-2-16为木寨岭断层在板桥村附近的影像地貌特征，该段内断裂带仍形成较为宽阔的槽谷地貌，谷底宽度约3 km，谷肩的高度南侧相对北侧为高，显示了断裂带的长期活动特点。图2-2-17为延伸的断层槽谷段的地貌特征，断裂带两侧高程的南侧略高于北侧谷肩，沿断层走向发育与岷山山脊一致的近东西向沟谷。

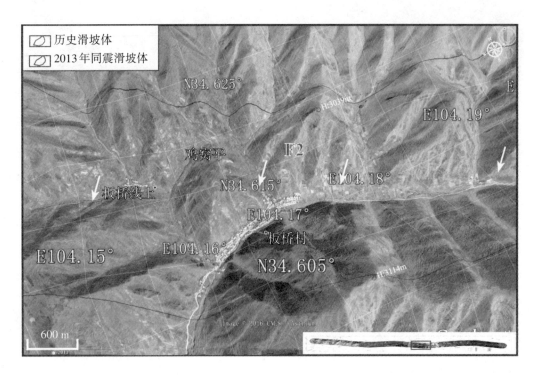

图2-2-16　F2木寨岭断层板桥村段影像地貌特征

图2-2-17　F2木寨岭断层板黑沟段影像地貌特征

　　图2-2-18为三条沟以西断层的延伸展布情况，断层沿着基岩山体的破碎带延伸，断层迹线不清晰，未见连续的线性地貌延伸，该段内未识别出同震滑坡体和历史滑坡体。

图 2-2-18　F2木寨岭断层三条沟以西段影像地貌特征

　　图 2-2-19 和图 2-2-20 为三条沟以东至上马家一带 F2 木寨岭断层以东段的展布情况，该段的断层延伸不够清晰，未在影像上解译识别出历史地震滑坡体和同震滑坡体，断层延伸通过的位置发育沿断层走向发育为槽谷地貌。

图 2-2-19　F2木寨岭断层三条沟以东段影像地貌特征

图 2-2-20　F2木寨岭断层鱼儿沟以东段影像地貌特征

2.2.5　F5禾驮断层1∶1万条带状遥感解译图

图2-2-21为F5禾驮断裂1∶1万条带状遥感解译分布图，从该图可以看出，断裂带的NW段发育有大量的历史古地震滑坡体和同震滑坡体，在断裂带的东段对应的地震次生灾害发育较少。

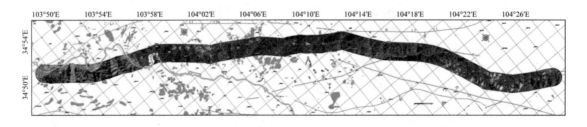

图 2-2-21　F5禾驮断层1∶1万条带状遥感解译图

图2-2-22为红石头村附近的地貌图，F5禾驮断层红石头村以西为目标区该断层的最西段，影像上在红石头村附近发现有断层剖面出露，但迹象不够清晰，该段主要沿洮河左岸发育，遥感解译发现十多处历史滑坡体，其中位于红石头村的滑坡体后缘高程2 560 m，前缘至洮河河床2 223 m，垂直落差337 m，滑坡长1 300 m，最大宽度约260 m，滑坡体侧缘外侧有居民点，野外调查得知该滑坡体的前缘在降雨集中时仍有最新活动，另一处滑坡体位于下游约3 km洮河左岸，高差相似约302 m，滑坡长1 500 m，宽度为500 m，滑坡床较陡峭，形态完整。沿该段密集发育的古滑坡体显示了该段在晚第四纪以来强震事件的影响。

图2-2-22　F5禾驮断层红石头村以西段遥感三维地貌图

图2-2-23为禾驮断层红石头村以西至东山段的遥感三维地貌情况，从该图中可以看出，沿断层走向发育有多处古滑坡体，滑坡体的后缘抵达前缘至洮河河床，显示了滑坡体的规模较大。需要指出的是断层在该段的线性特征不明显，穿越洮河河床未见对T1、T2阶地的明显位错变形，表明断层在该段的活动时代应在全新世之前或晚更新世早期。

图2-2-23　F5禾驮断层红石头村以西至东山段遥感三维地貌图

图2-2-24为F5禾驮断层阳坡村附近遥感三维地貌图，禾驮断层在该段附近跨越洮河，但是在遥感影像上未见其在低级河流阶地上有位错变形的痕迹。这一段内的明显特征有两个：一是在阳坡附近解译出规模较大数量较多的历史滑坡体，沿岷山南麓的风成黄土堆积的丘陵谷坡发育；二是在阳坡西北的洮河右岸发育有多处岷县-漳县6.6级地震同震滑坡体，分布较为集

中。这一特征显示F5与岷县-漳县6.6级地震的密切相关性。

图2-2-24　F5禾驮断层阳坡村附近遥感三维地貌图

图2-2-25为F5禾驮断层在洮河右岸的延伸情况，在红桥村附近发育有多处历史滑坡体，沿沟谷两岸连续发育，后缘抵达黄土梁顶，前缘至沟谷，需要特别指出的是在该区域内沿历史滑坡体的后缘解译出同震滑坡体密集分布，但同震滑坡体的规模较小。

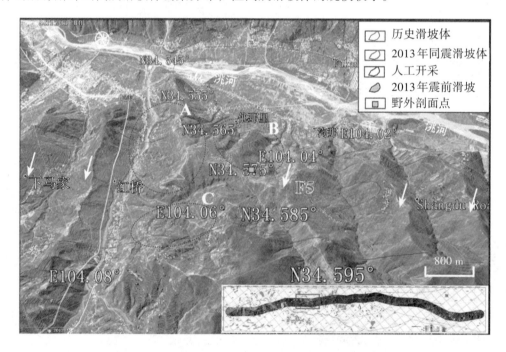

图2-2-25　F5禾驮断层红桥村以西段遥感三维地貌图

图2-2-26为F5禾驮断层在G212两侧的延伸情况，在该段内断层的线性特征不够清晰，但是在该段内集中分布有同震滑坡体密集区和历史地震滑坡体密集区，需要指出的是在图中的A区域岷县-漳县6.6级地震前的谷肩位置受流水侵蚀和降雨诱发滑坡体的双重作用，该区域内有规模较小的震前滑坡体，此次利用震前、震后影像对比来加以区别。与前述相似，在历史地

震滑坡体的范围内也解译出同震滑坡体若干处，显示这一地区滑坡体地貌演化的复杂性特点。

图2-2-26 F5禾驮断层G212沿线段遥感三维地貌图

图2-2-27为F5禾驮断层在岷县-漳县6.6级地震宏观震中附近的展布情况，图中白色箭头指示断层的可能出露位置，野外发现部分断层剖面，但地貌上特征不够明显。这一段的特点是：同震发生的两处间隔很近的滑坡体导致整个震害的最大人员死亡事件；另外，震中附近几处规模较大的历史地震滑坡体在此次地震事件中未见新活动，而历史地震滑坡体的发现对认识F5禾驮断层的晚第四纪活动特征具有重要意义。

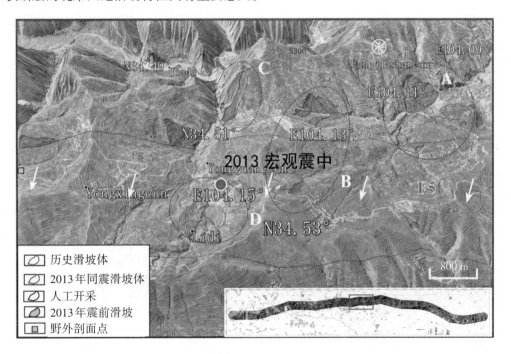

图2-2-27 F5禾驮断层永光村附近遥感三维地貌图

图2-2-28为朱麻滩附近的断层展布情况，断层沿北侧的基岩坡麓延伸，部分出露断层剖面野外得以观察，这一段落内也发育有规模较大的历史滑坡体，需要注意图中A区域内的滑坡

体是岷县-漳县6.6级地震前强降雨诱发的滑坡体，在地震时未见明显的异常活动，尽管其在震后的影像上呈高亮色调，但不属于同震滑坡体。而这一段落的历史滑坡体的发现至少说明历史地震事件对该区域造成强烈的地震作用影响。朱麻滩野外调查可见河流阶地位错现象，但遥感影像上不明显。

图2-2-28　F5禾驮断层朱麻滩附近遥感三维地貌图

图2-2-29为F5禾驮断层义仁沟门前延伸情况，该段落识别出多处规模较大的历史地震滑坡体，但断层的线性延伸不清晰。

图2-2-29　F5禾驮断层义仁沟门前附近遥感三维地貌图

图2-2-30为F5禾驮断层红花沟附近的展布情况，断层沿着省道S306南侧的台地上延伸，影像上略有线性延伸，但线性的清晰程度较差。

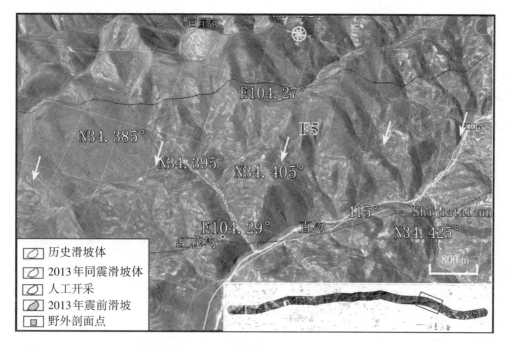

图2-2-30　F5禾驮断层红花沟遥感三维地貌图

图2-2-31为F5禾驮断层在基岩山体中的延伸展布情况，从图中可以看出，断层的线性延伸不够清晰，也未识别出历史地震滑坡体和同震滑坡体。

图2-2-31　F5禾驮断层东南末端遥感三维地貌图

图2-2-32为F5禾驮断层在目标区东南端的遥感三维地貌图，影像上该段的线性特征不明显，断层通过的位置有冲沟沿断层走向发育，未见古滑坡体和同震滑坡体发育。

图2-2-32 F5禾驮断层石门村附近遥感三维地貌图

2.2.6 F2木寨岭断层和F5禾驮断层的活动性特征遥感解译小结

第一次断层小结：目标区内共有10条断层，在资料收集与综合整理、高精度遥感影像处理与解译的基础上，对岷县所在的临潭-宕昌断层东段的多条次级断层开展了详细的野外调查与核实，获得目标区及邻近地区有地表露头活动断层的分布、几何形态与活动方式等特征，包括位移测定、错断地质体等；初步鉴定了各断层的活动性质及活动性。其中，柏林口断层（F1）和木寨岭断层（F2）为晚更新世中晚期活动断层；禾驮断层（F5）为晚更新世晚期-全新世早期活动断层；其他7条断层为早-中更新世或前第四纪活动断层。

第二次卫星图像解译结果：目标区内最大的河流为洮河，洮河是黄河上游右岸的一条大支流，洮河干流自河源由西向东流至岷县后受阻，急转弯改向北偏西流，形如一横卧的"L"字形。岷县位于洮河中游，岷县城区及规划发展区（含茶埠镇和梅川镇）等均沿洮河沿岸发育。沿线河流阶地以洮滨乡、岷县城区、茶埠镇、西江镇和中寨镇等地保存良好；在其他河段由于河道狭窄，阶地发育不连续，大多零星分布。沟谷时宽时窄，开阔地段发育有小型Ⅰ至Ⅳ级冲洪积阶地，两侧阶地不对称，呈条带状或半圆形，阶面宽一般在50～300 m。多数河谷狭窄地段阶地多呈零星分布。在支流与干流交汇处一般发育有扇形、锥形泥石流堆积体。干流河谷呈"U"字形，上游狭窄，下游宽阔，支流河谷呈"V"字形，河谷陡峻，侵蚀切割强烈。

（1）一级阶地（T1）：为堆积阶地，高出河面2～5 m，其上堆积有2～3 m的河床相砂砾石层，顶部为1 m左右的土壤层，局部地方可以看到由于现代河流向下侵蚀而露出阶地基座。

（2）二级阶地（T2）：为基座阶地，局部为堆积阶地，自下而上可分为2～5 m河床相砂砾石层、1～2 m的河漫滩相细砂层和约1 m土壤层。

（3）三级阶地（T3）：为基座阶地，自下而上可分为4～5 m河床相砂砾石层、3～4 m的河漫滩相细砂层和8～10 m的风成黄土。

（4）四级阶地（T4）：为侵蚀阶地，其上河流沉积缺失，但为15～20 m的风成黄土覆盖。

从T1、T2、T3阶地上冲积砾石层的特征看，砾石的磨圆度良好，粒度相对均匀，显示出古河流的河床在抬升成为阶地之前有过相当一个时期的相对稳定的构造环境和气候条件。

郭进京等（2006）对白龙江沿线河流阶地进行了较详细的观察和研究，通过与研究详细的兰州黄河阶地对比分析，并结合白龙江阶地之上的古土壤和黄土序列特征分析，得到白龙江流域各级阶地年代：T1 为 0.01 Ma 左右，T2 为 0.03～0.05 Ma，T3 为 0.14～0.15 Ma，T4 为 0.56 Ma，T5 为 1.2 Ma，T6 为 1.4～1.5 Ma，T7 为 1.7 Ma。

岷县活动断层探测与地震危险性评价子专题"洮河河流阶地特征与年代序列研究"（白世彪等，2016）初步结果表明洮河流域各级阶地年代为：T1 全新统堆积阶地，T2 晚更新统基座阶地；T3、T4 为早-中更新统侵蚀阶地。

综上所述，F2 木寨岭断层主要在洮河右岸发育，未见其错断洮河 T1、T2 阶地，且断层延伸的线性特征不够清晰，仅在目标区西北段的部分区域识别出同震滑坡体和历史滑坡体，显示该断层的晚第四纪活动特征不明显，其活动时代应为晚更新世或更早的断层；F5 禾驮断层在西北段跨越洮河河谷，未见其对洮河 T1、T2 阶地的明显位错，向东南延伸主要在洮河右岸发育，尽管从遥感影像上未见明显的线性变形特征，但是其北西端断裂带两侧的大规模同震滑坡体和历史滑坡体广泛发育表明，F5 禾驮断层与岷县-漳县 6.6 级地震有很大相关性，从历史滑坡体与同震滑坡体的规模和密集程度来看，F5 禾驮断层在晚第四纪还应有至少一次或多次强度强于岷县-漳县 6.6 级地震的历史地震（古地震），相关的地震次生灾害时空分布规律应结合断裂带的野外调查和周边断层的晚第四纪活动特征分析做进一步研究。

2.3 震源机制解反演

使用甘肃、四川、陕西、青海和宁夏区域"十五"数字地震台网的宽频带数字地震波形记录，采用 CAP 方法反演岷县-漳县 6.6 级地震、5.6 级地震的震源机制解，采用 HASH 方法反演余震序列 M_L2.5 以上地震的震源机制解。

2.3.1 主震震源机制解

按照方位角覆盖及信噪比的要求，挑选出震中距在 300 km 以内台站的数据，去除仪器响应，旋转至大圆路径得到径向、切向和垂向的位移记录，然后将波形分割为 Pnl 波和面波两个部分并赋予不同的权重，通过 4 阶 Butterworth 带通滤波器滤波（Pnl 波为 0.05～0.2 Hz、面波为 0.05～0.1 Hz）压制噪音。采用频率-波数（$F-K$）方法计算格林函数，获得各震中距上的理论地震图，对理论地震图采用与观测地震图相同的分解、滤波规则（张辉等，2012）。

甘东南地区自西向东地壳厚度和结构存在一定的差异，CAP 方法将波形分解为 Pnl 波和面波部分，可以有效消除速度结构横向变化的影响。本研究所用的区域地壳速度结构（表 2-3-1）是在 Crust2.0 速度结构模型的基础上，参考李少华等的研究进行修正后的结果。

表 2-3-1　地壳速度模型

地壳厚度/ km	$Vs/(\mathrm{km \cdot s^{-1}})$	$Vp/(\mathrm{km \cdot s^{-1}})$	密度/$(10^3\,\mathrm{kg \cdot m^{-3}})$
6	3.34	5.78	2.62
17	3.63	6.28	2.77
15	3.93	6.80	2.93
9	3.70	6.41	2.81
0	4.65	8.05	3.32

图2-3-1a、b为岷县–漳县6.6级地震及5.6级最大余震的反演方差和震源机制解随不同深度的变化情况，图2-3-2a、b为地震震源机制解投影、观测地震图与理论地震图对比。

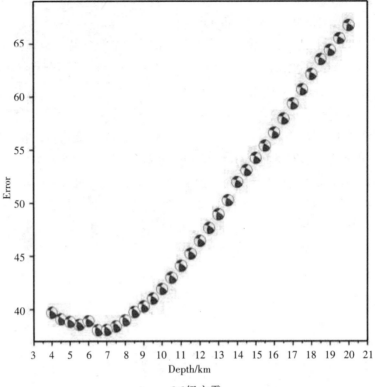

a. 6.6级主震

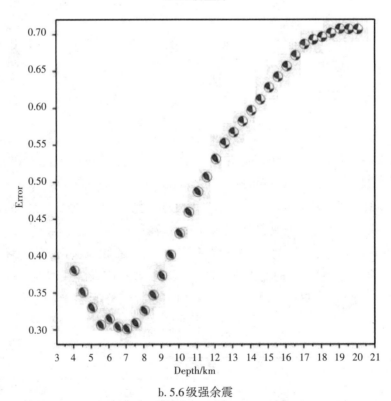

b. 5.6级强余震

图2-3-1　震源机制拟合误差随震源深度变化

图2-3-2实线为观测地震图，虚线为理论地震图。波形下方第一行数字为理论地震图相对观测地震图的移动时间（s），第二行数字为两者的相关系数（%）。

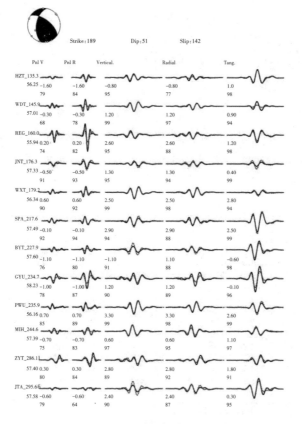

a. 6.6 级主震

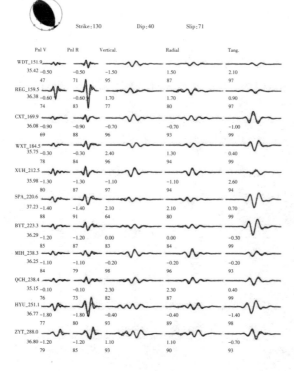

b. 5.6 级强余震

图 2-3-2　地震震源机制解投影、观测地震图与理论地震图对比

　　由图 2-3-1 可以看出岷县-漳县 6.6 级地震及 5.6 级最大余震的震源机制的反演结果较为稳定，随震源深度的变化不是很明显，震源矩心深度在 7 km 附近震源机制解的反演方差达到极小值，与其深度相对应的波形拟合效果相当好（图 2-3-2）。反演结果显示，6.6 级主震的最佳双力偶解节面Ⅰ走向189°，倾角51°，滑动角142°，节面Ⅱ走向305°，倾角61°，滑动角46°，矩震级M_W6.1，震源错动类型表现为以逆冲为主兼有走滑的性质。5.6级最大余震向西北偏离主震震中，其震源类型为逆冲型，震源机制解节面Ⅰ走向334°，倾角53°，滑动角105°，节面Ⅱ走向为130°，倾角40°，滑动角71°，矩震级M_W5.45。

对于岷县-漳县6.6级地震及最大余震5.6级地震，美国地质调查局（USGS）、哈佛大学（Harvard）、中国地震局地球物理研究所等国内外研究机构给出了相应的震源机制解参数。表2-3-2将本研究结果与Harvard的结果进行比较，可以看出不同来源的结果是比较接近的，反映了本研究的反演结果是可靠的。

表2-3-2　本研究结果与Harvard获得的震源机制解的比较

地震	节面Ⅰ/°			节面Ⅱ/°			T轴/°		B轴/°		P轴/°		资料来源
	走向	倾角	滑动角	走向	倾角	滑动角	方位角	仰角	方位角	仰角	方位角	仰角	
6.6级主震	196	50	152	304	69	43	167	45	325	43	66	11	哈佛大学
	189	51	142	305	61	46	163	52	330	38	65	6	本研究
5.6级余震	340	56	109	128	38	64	297	72	149	16	57	9	哈佛大学
	334	53	105	130	40	71	294	76	145	12	53	7	本研究

2.3.2　M_L2.5以上余震序列震源机制解

使用区域"十五"测震台网记录的宽频带波形资料，采用HASH方法反演本次地震序列M_L2.5以上地震的震源机制解。具体方法如下：读取每条地震事件的P震相的初动极性，然后三分量波形旋转为ZRT方向，采用4阶Butterworth带通滤波器1～15 Hz进行滤波处理，最后量取SH震相的最大振幅。选取合理的速度结构，反演得到中小地震的震源机制解。最终采用HASH方法得到岷县-漳县6.6级地震及余震序列里39次中小地震事件的震源机制解（图2-3-3）。

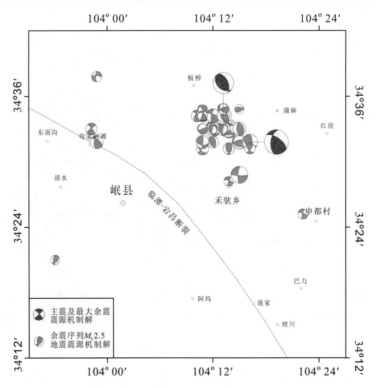

图2-3-3　岷县-漳县6.6级地震主震及余震序列震源机制分布图

图2-3-4a统计了39个余震震源机制解节面Ⅰ和节面Ⅱ的走向分布，可看出节面Ⅱ优势走向方向为NW-SE，这与主震节面Ⅱ的走向是一致的。图2-3-4b给出了39个余震两个截面的倾角分布，向NE倾的节面Ⅱ优势倾角约为52°，即强余震的节面倾角与主震的高倾角（61°）基本一致，表明强余震与主震有相似的逆冲分量大的震源特性。

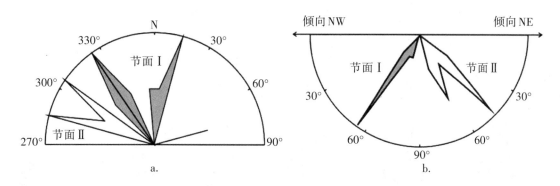

图2-3-4　震源机制解节面Ⅰ和节面Ⅱ的走向a和倾角b分布

2.3.3　基于震源机制发震构造分析

根据本书获得的岷县-漳县6.6级地震序列的震源机制解，结合余震序列的展布特征，给出两条剖面AA′和BB′，其中AA′沿余震序列展布的长轴分布，BB′垂直于长轴方向（图2-3-5）。

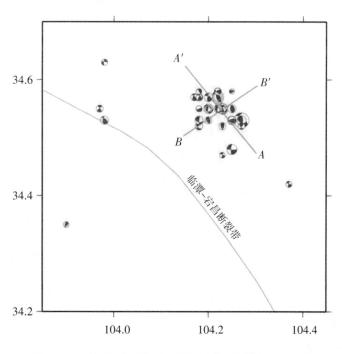

图2-3-5　岷县-漳县6.6级地震主震及余震序列剖面图

为了更深入分析两大板块间的动力作用，将采用基于中小地震震源机制解的应力张量反演方法来分析不同接触部位的区域应力场。应力张量反演可以对单独的几个样品或者一个网格内的资料执行反演，采用Michael提出的"逐步逼近"方法（Michael，1984）得到最佳应力张量反演结果，反演结果给出的是代表区域应力场的三个主应力方向和相对大小。采用ZMAP软件（Wiemer，2001）完成应力张量反演。沿着图2-3-6所给的北西向AA′剖面和北东向BB′剖面将其分为3个区域Ⅰ、Ⅱ、Ⅲ，各区域的应力张量反演结果如图2-3-6所示。

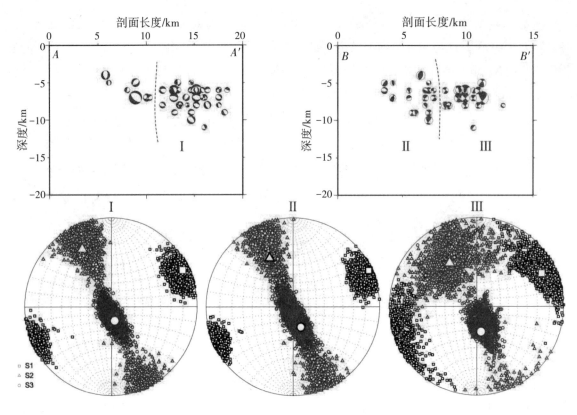

图2-3-6 三个区域的应力张量反演结果

应力张量反演结果采用乌尔夫网表示，其中黑色方框表示第一主应力、红色三角为第二主应力、蓝色圆圈表示第三主应力。

从反演结果可以看出，AA'剖面Ⅰ段所代表余震序列沿着临潭-宕昌断裂带向北西向发展表现出一致性很高的逆冲性质；BB'剖面Ⅱ段表示靠近临潭-宕昌断裂带也表现为一致性很高的逆冲性质；而BB'剖面Ⅲ段，表示在主震破裂初期中小地震震源机制解的反演结果比较弥散，但也显示出逆冲的性质。

2.3.4　震源区震源机制一致性参数分析

应力张量方差是衡量地震震源释放应力场与区域构造应力场一致性程度的定量指标（Michael，1987）。当方差<0.1时，意味着可以用1个统一的应力张量来解释观测到的震源机制解，也可以理解为该区域的应力场是均匀的，震源机制具有很好的一致性；当方差>0.2时，表明该区域的应力场在时间和空间上具有非均匀性，或者说该区域的震源机制比较紊乱（Lu et al.，1997），因此中小地震震源机制一致性时空分布能够反映局部区域应力场应力水平的高低。

选用余震序列中小地震震源机制解，采用Michael（1984）提出的应力场反演方法，选取0.02°×0.02°对研究区域进行网格化，分析区域的时空应力张量一致性参数的演化特征（图2-3-7）。

岷县-漳县6.6级地震震源区的应力张量一致性程度较高的区域形成一个NW向的带状，与余震序列的展布情况一致。总体上震源区及邻区的应力一致性程度不高，表明震源区应力释放比较充分，后续也未发生比较大的余震，与实际余震序列的发展情况基本一致。

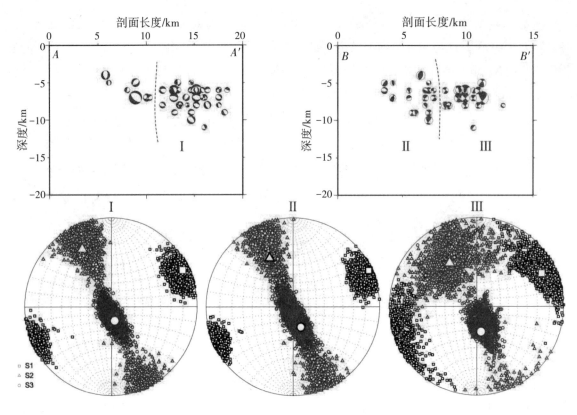

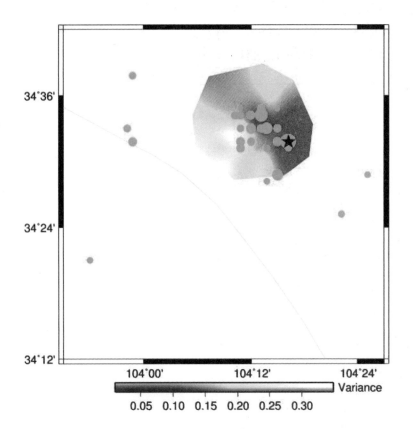

图 2-3-7　岷县–漳县 6.6 级地震震源区一致性空间分布图

2.3.5　小结

岷县–漳县 6.6 级地震及最大 5.6 级余震的震源类型以逆冲为主兼走滑的性质，主震震源机制解节面Ⅱ走向 305°，倾角 61°，滑动角 46°，表现为逆冲兼走滑的特性，余震序列震源机制解向 NE 倾的节面Ⅱ的优势倾角约为 52°，与主震的高倾角（61°）基本一致，也表现出逆冲分量大的特性。

基于应力张量反演结果，结合震区的地质构造、余震区展布及主震的烈度分布，地震序列震源机制解的节面Ⅱ指示了相应的发震断层面，可能与震源区内的临潭—宕昌断裂带的某段相对应。岷县–漳县 6.6 级地震序列震源机制解的特性反映出与该断裂带相似的活动特征，分析认为，本次地震的发生与临潭—宕昌断裂带的活动存在一定的关联性。

2.4　余震序列精定位

地震精定位是当前研究发震断层的重要手段之一（黄媛等，2008）。本书利用甘肃地震台网产出的地震观测报告，分别采用 Hypo2000 和双差定位方法对岷县–漳县 6.6 级地震及余震序列进行重新定位研究，由此考察地震序列三维空间分布特征，并探讨此次地震的发震构造。

2.4.1　余震序列概况

2013 年 7 月 22 日至 2017 年 8 月 31 日（图 2-4-1），甘肃地震台网共记录到 1 422 次余震，其中 M_L1.0 以下 631 次、M_L1.0～1.9 的 611 次、M_L2.0～2.9 的 148 次、M_L3.0～3.9 的 25 次、M_L4.0

以上7次。1 422次余震多数集中在震后1年内发生，震后1个月发生的余震数目占序列总数的78.1%，震后1年发生的余震数目占序列总数的91.1%。

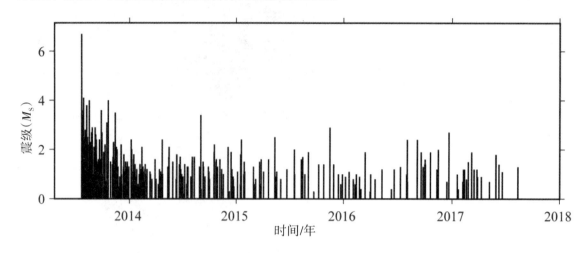

图2-4-1　余震序列 M-t 图

2.4.2　地震重新定位方法

地震重新定位研究中，合理选择地壳速度结构非常重要（房立华等，2013）。前人在甘东南及邻区开展了利用接收函数反演台站下方速度结构、地震层析成像、人工地震剖面探测等研究工作（房立华等，2011）。本研究利用甘肃和四川区域地震台网，以及震后架设的6个流动台站的观测数据，参考在该区域开展的接受函数反演台站下方速度结构、Crust2.0及人工剖面结果（李清河等，1991），综合确定了hypo2000方法中岷县、成县、合作、兰州、若尔盖和静宁台等台站下方的速度结构以及双差定位方法中使用的二维平均分层速度结构。参考已有学者的地震重新定位技术思路（吕坚等，2013），本书首先使用Hypo2000方法对地震序列进行绝对定位，在此基础上再利用双差方法进行相对定位，获得较为精确的主震及余震序列的震源位置。

2.4.3　重新定位结果分析

2.4.3.1　定位误差分析

双差定位方法获得833次地震的定位结果，占甘肃台网初始地震数目的58.6%，从定位前后不同震级的地震频度对比结果来看（图2-4-2），2.0级以上地震基本没有遗漏，3.0级以上地震没有遗漏，2.0级以下地震遗漏比例较高。

在NS、WE和深度方向上的定位误差平均为0.63 km、0.63 km和0.83 km。从定位结果深度剖面对比结果（图2-4-2）来看，与甘肃地震台网初始定位结果相比，重新定位结果得到较大的改善，原始定位结果多数地震深度集中在5～8 km之间，并且主震和余震序列深度分布不相关。重新定位后的震源深度集中分布在8～18 km之间，余震序列和主震的空间位置相关性较好。从地震丢失的情况来看（图2-4-2），2级以下的地震丢失比例较高，2级以上地震基本完整。图2-4-3为重新定位前后地震序列震源深度分布，剖面AB位置见图2-4-4。

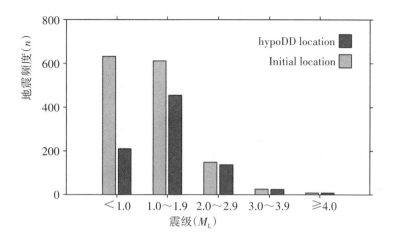

图2-4-2 重新定位前后不同震级的地震频度对比

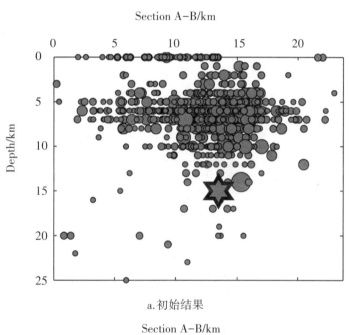

a. 初始结果

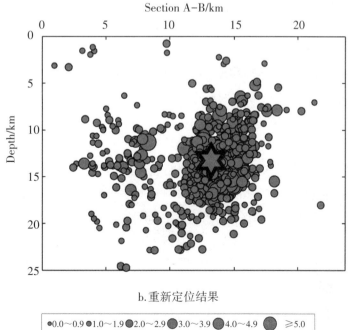

b. 重新定位结果

图2-4-3 重新定位前后地震序列震源深度分布

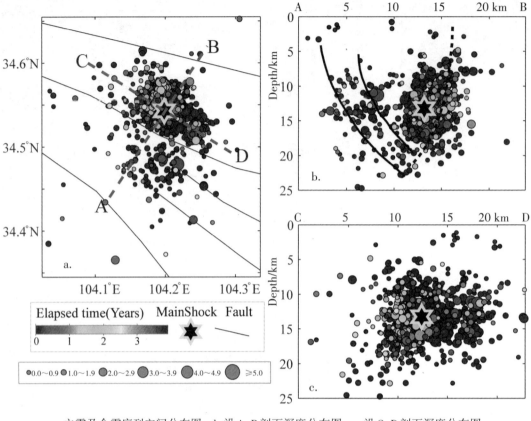

a.主震及余震序列空间分布图；b.沿A-B剖面深度分布图；c.沿C-D剖面深度分布图。

图2-4-4 余震序列分布图、剖面位置及震源深度分布图

2.4.3.2 空间分布特征

从重新定位结果的分布图（图2-4-4）来看，在主震附近余震分布比较集中，呈NW向展布，沿NW向展布约12 km，NE向10 km呈椭圆状分布，与震后灾害损失评估给出的地震等震线的优势分布方向基本一致（李志强等，2013），与临潭-宕昌断裂带NW走向一致（郑文俊等，2013）。在主震南边也有部分余震活动，距离主震约8 km，且分布不集中，这些小震活动显然与6.6级地震的主破裂无关，可能是主破裂引起邻区应力调整后触发了邻区断裂的小震活动。

2.4.3.3 深度分布特征

从平行和垂直断裂走向余震序列深度剖面分布结果（图2-4-4b、c）来看，余震区SE端震源深度相对较浅，向NW向有逐渐变浅的趋势。

A-B剖面分布结果显示余震向SW向倾斜，深度10 km以上的分布倾角较陡，深部相对较缓，表现为"铲形"的断层特征。

临潭-宕昌断裂带东段多条次级断层组成的断裂带内，断裂带几何结构复杂，由多条平行或是斜接的、规模相对较小的次级断层组成，并且该断裂带呈NE倾向（郑文俊等，2013）。从岷县-漳县6.6级地震的震源机制解反演结果来看，断层面呈NW向展布、倾向NE向，具有逆冲兼走滑的特征，与临潭－宕昌断裂带的走向和倾向基本吻合（陈继锋等，2013）。

从本书小震精定位结果（图2-4-4b）来看，主震邻区的小震分布倾向为SW向，也有其他学者采用不同的地震定位方法得到了主震断层面SW倾向的类似结论（冯红武等，2013），小震精定位分析结果与已有地质考察及震源机制解反演结果相矛盾。

主震周围余震活动在时间和空间上的特征及其机制一直是地震学研究的重要内容之一，与主震断层破裂状态有关的余震可分为3种类型：

（1）分布在主震破裂的断裂面上的余震活动。

（2）发生在破裂带边缘的余震。

（3）发生在主震破裂之外，由主震诱发邻区断裂的小震活动（Strehlau，1986）。采用余震序列的空间分布特征推断地震破裂面性质时，如果绝大多数余震发生在断层面上，利用小震推断断层面的性质就可以得到正确的结论，如果余震活动发生在主震破裂面之外，可能就无法通过小震的三维空间分布特征正确推断断层面的性质，也有可能得到错误的结论。由于岷县-漳县6.6级地震的发震断裂具有复杂的结构，主震发生后余震序列比较复杂，无法采用全部余震序列空间分布特征正确获取发震断层的性质。

在采用不同震级分析余震序列的剖面分布特征后，发现4级以上地震的分布明显具有NE倾向的特征（图2-4-4b），4级以上地震可能发生在主震破裂面上，从4级以上地震的分布特征可以得到发震断层面NE倾向的认识，且存在明显的分段不均匀活动，而中强地震的频繁发生也说明该断裂带各段之间既相互关联又相互影响。

临潭-宕昌断裂带是甘东南地区一条晚更新世-全新世活动断裂带，该断裂带位于东昆仑断裂带与西秦岭断裂带两条大型左旋走滑断裂带之间，它们之间通过多条次级断裂实现构造转换（郑文俊等，2013），该断裂带历史上没有7级以上地震记载。岷县-漳县6.6级地震距离临潭-宕昌断裂带仅9.3 km，该断裂带的倾向NE与余震序列在深度上向SW倾斜相反。为证实定位结果的可靠性，本书分别给出Hypo2000和双差定位结果沿A-B剖面图像（图2-4-5），结果显示，两种方法定位结果在A-B剖面上均向SW向倾斜。此外，张元生等采用震源位置与速度结构联合反演给出的余震序列结果在A-B剖面上也存在向南西向倾斜的现象（张元生等，2013）。如果该地震的发震断层为临潭-宕昌断裂带，余震向南西倾向与该断层的NE倾向相反，那么可以推断，岷县-漳县6.6级地震可能并未发生在临潭-宕昌断裂带上，而可能是与临潭-宕昌断裂带和西秦岭北缘断裂带之间的隐伏断裂或次级活动断裂有关。

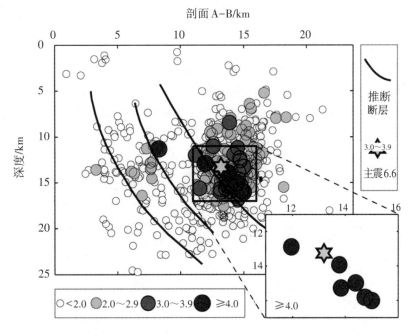

图2-4-5　余震序列震源深度剖面图

2.4.4 小结

本书利用甘肃地震台网和震后架设的流动地震台站的观测数据，对岷县-漳县6.6级地震的主震和余震序列进行了重新定位，最终获得了659次余震的精定位结果。定位结果与甘肃地震台网给出的初始结果相比，在水平方向和深度上都得到了较大改善。其中，余震序列优势展布方向为NW向，与中国地震局发布的该地震烈度图等震线长轴呈北西走向分布的特征一致。主震震源深度为10 km。余震序列分布长轴方向展布约12 km，宽度约7 km，震源深度的优势分布范围为5～15 km，总体上呈现SE端浅、NW端较深的分布特征。

余震序列的精定位结果在深度上存在明显向SW向倾斜的现象，与临潭-宕昌断裂带的倾向相反，据此推断临潭-宕昌断裂带可能不是此次地震的发震断层，而可能是与临潭-宕昌断裂带和西秦岭北缘断裂带之间的隐伏断裂或次级活动断裂有关。岷县-漳县6.6级地震发生在两条大型活动断裂带西秦岭北缘断裂带与东昆仑断裂带之间，构造环境复杂，地震应急科考野外考察并未发现地震地表破裂带，是否存在地表破裂还有待于进一步考察。因此，本书对主震发震断层仅从序列精定位结果推断出结果，还有待于震后科学考察和其他更为直接的探测工作进一步佐证。

2.5 发震构造小节及讨论

2.5.1 发震断裂带地质构造

多种资料分析结果表明，岷县-漳县6.6级地震与临潭-宕昌断裂带有关，该断裂带属于西秦岭断裂带构造中的临潭-岷县-宕昌断裂系，为区内一条规模较大的晚更新世-全新世活动断裂带，其西端从合作以西开始，向东经过临潭、岷县至宕昌南东与礼县-罗家堡断裂交汇（郑文俊等，2005），形成一"V"字形构造，断裂带全长大于250 km，由数条规模不等、相互平行或斜列的断裂组合而成，在合作-岷县间，该断裂带分为南、北两支，在岷县东南一带又归并为一体，延伸到宕昌以南，断裂带总体呈NWW-NW向展布，为向NE方向凸出的弧形，倾向NE，倾角50°～70°，具左旋兼逆断性质。航卫片上断裂影像清晰，该断裂带控制了合作、临潭、宕昌等第三纪盆地的形成、演化及构造变形，其新活动导致断裂沿线山脊、水系、洪积扇被断错，形成断崖、断层垭口、断坎、断陷槽地等。从历史记载和地表地貌现象分析，该断裂带活动性强，地震活动水平高，历史上该区曾发生过3次历史强震，分别是839年岷县6～7级、1573年岷县6.7级和1837年岷县北6级地震。近期该区又发生过2003年11月岷县5.2级地震和2004年9月岷县-卓尼5.0级地震。

2.5.2 地震构造

岷县地处青藏高原东麓与西秦岭陇南山地接壤区。从地貌图分析，震中位于洮河水系与渭河水系分水岭，是一个北西向的构造地貌隆起区，与西秦岭构造带的非均匀隆升活动息息相关。因此我们认为，该地震的孕育、发生可能是西秦岭构造带最新活动的结果（杨立明等，2003）。临潭-宕昌断裂带距地震震中约16 km，初步判断是6.6级地震的发震断裂。主要依据有：

（1）震源机制解呈逆冲兼走滑破裂特征，与临潭-宕昌断裂带走向及活动性质相近。

（2）极震区滑坡和崩塌区域特征显示，在"茶固滩-马家沟-文斗-车路-永光-永星-拉路"一线的北西向带状区域内，有30 km×8 km的密集滑坡区，正好位于临潭-宕昌断裂带北侧分支断层控制的古近纪盆地中。

（3）Ⅷ度区西北自岷县中寨镇，东南至岷县禾驮乡东南，东北自岷县禾驮乡东北，西南至岷县禾驮乡西南，长轴40 km，短轴21 km，面积706 km²，呈北西向分布。

（4）房屋倒塌、破坏等震害优势分布方向，滑坡、崩塌、震陷等灾害点长轴方向与北西向地质构造大致相同，也与临潭-宕昌断裂带走向一致。

（5）从1573年岷县6.7级地震，1837年岷县北6级地震，2003年11月13日岷县-临潭县5.2级地震，2004年9月7日岷县5.0级地震的考证、考察表明，这4次地震的孕育、发生均与临潭-宕昌断裂带相关。对该断裂带活动特点、证据的野外考察和岷县-漳县6.6级地震的震害特征对比、综合分析认为，本次地震没有形成地表破裂，临潭-宕昌断裂带为岷县-漳县6.6级地震的孕震和发震断裂带。

3 震前异常特征

3.1 震前邻区地震活动特征

3.1.1 中小地震活动异常特征

岷县-漳县6.6级地震前甘东南地区及邻区出现了大范围的 M_L4 地震异常平静（图3-1-1），相邻地震之间间隔时间平均值为101天，最大平均时间为779天，其次平均时间为628天。图3-1-2为 M_L4 地震平静区地震 M-t 图及地震时间间隔统计图。

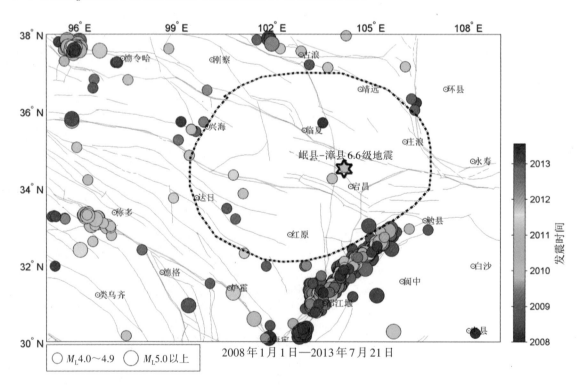

图 3-1-1 甘青川交界地区 M_L4 地震分布图

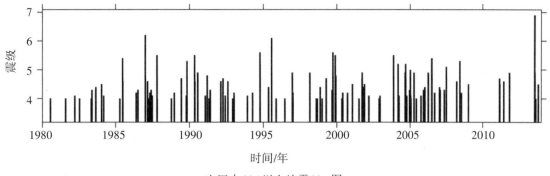

a.空区内M_L4以上地震M-t图

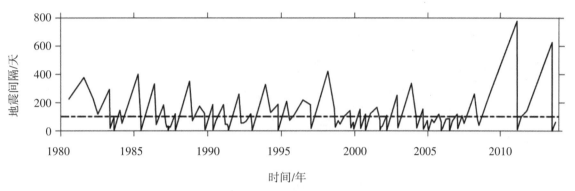

b.空区内M_L4以上地震时间间隔图

图3-1-2　M_L4地震平静区内地震M-t图及地震时间间隔统计图

3.1.2　地震b值异常特征

　　利用1990年以来的甘肃测震台网资料，计算获得2013年岷县-漳县6.6级地震前邻区地震b值和Δb值的空间图像，结果表明，该6.6级地震发生在甘东南地区显著低b值异常区域的边缘，且震前邻区地震Δb值异常显著，从该地震与低b值空间分布关系来看，该地震的发生并未减缓该区域的强震危险性。

　　Gutenberg和Richter在研究地震活动性时发现，在一定的研究区域内地震频度和震级之间有以下关系：LgN=a-bM（Gutenberg，et al.，1942）。该式表征小地震频度（N）的对数与震级（M）之间的线性关系，式中，M为震级，N为地震频度，a为截距，b为斜率。b值反映了各个档次地震频次间的比例关系，其变化与大地震的发生密切相关，也是迄今为止地震活动性研究中普适性最好的统计关系式之一。该统计关系很长时间内没有给出物理解释，直到20世纪60年代，Mogi和Scholz在各自岩石破裂试验的基础上，分别提出了解释b值物理意义的理论模型，认为b值代表介质内部应力水平的高低，b值随介质应力水平的提高而减小，介质应力水平高，在岩石破裂面的边界上处于高水平的应力点所占的比重越大，破裂前沿变得容易推进，此时大破裂的比例也越大，b值越小（易桂喜等，2004）。李全林等针对b值的时空扫描开展了大量的工作，认为震级频度关系中的参数b值具有直接的物理意义，b值的大小反映了介质承受平均应力和接近强度极限的程度，地震b值可能成为跟踪应力的集中和转移，监视破坏性地震孕育过程的一种手段（李全林等，1978）。易桂喜等将b值的空间分布先后应用于安宁河-则木河断裂带、山西断陷带中南部、鲜水河断裂带、川滇地区以及城市活断层地震危险性分析（易桂喜等，2004），地震b值的一些应用结果表明，通过b值的空间扫描结果可以为判断未来强震的地点提供信息，根据b值的空间分布来揭示和推断活动断裂带不同段落现今应力积累的相对水平，圈定可能存在的凹凸体，进一步判定活动断裂带的强震危险性（郑兆苾等，2001）。

3.1.2.1 资料及方法

利用甘肃区域测震台网1990年1月1日至2013年7月21日的地震目录资料计算岷县-漳县6.6级地震邻区的地震b值，甘肃区域测震台网地震目录完整性分析结果表明，该研究区域位于甘肃东南部，在甘肃测震台网监测能力相对较高的区域（冯建刚等，2012），图3-1-3给出1990年以来的$M_L \geq 2.0$地震的震中分布图，从研究区域$M_L 2.0$地震的震级-频度关系来看，地震b值的拟合结果为0.97±0.02（图3-1-3），因此在计算b值时，取最小完整性震级M_c为$M_L 2.0$。

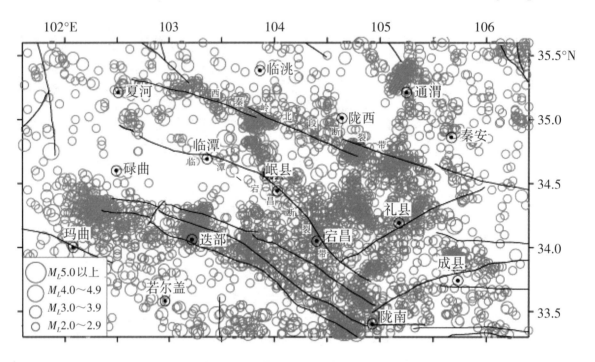

图3-1-3　岷县-漳县6.6级地震邻区小震分布图

在该区域进行地震b值空间扫描时，经、纬度分别以0.05的步长进行网格化，选出以每个网格节点的中心点为圆心、半径为r的圆形统计单元内$M_L \geq 2.0$的地震；然后利用最大似然法计算各个网格点的地震b值，并且给出采用下式对b值的计算误差进行估计。

$$b = \frac{\lg e}{M - (M_c - \Delta M/2)} \tag{1}$$

$$\delta b = 2.30 b^2 \sqrt{\frac{\sum_{i=1}^{n}(M_i - \overline{M})^2}{n(n-1)}} \tag{2}$$

式中：$\overline{M}$为平均震级；ΔM为震级分档，选择为0.1；M_c为完整性震级；M为地震震级；M_i为第i个样本的震级；n为计算b值所用的样本量；δb为b值估计误差。参考已有的分析计算方法（李全林等，1978），每个统计单元内要求地震样本量不少于40个，统计单元的半径r值取15 km，如果样本量不满足条件，则将r值放大至40 km。

参考已有研究结果，在该区域进行地震Δb值空间扫描，地震目录起始时间为1990年1月1日，以半年为步长，逐渐减小地震目录的终止时间，例如分别选择1990年1月1日—2013年7月21日、1990年1月1日—2013年1月21日的地震对研究区域进行地震b值空间扫描，然后将相应格点的地震b值相减（前者减去后者）。如果差值为正值，表明b值升高，应力水平降低；

如果差值为负值，表明地震b值降低，应力水平升高。图3-1-4为岷县-漳县6.6级地震邻区地震震级-频度关系。

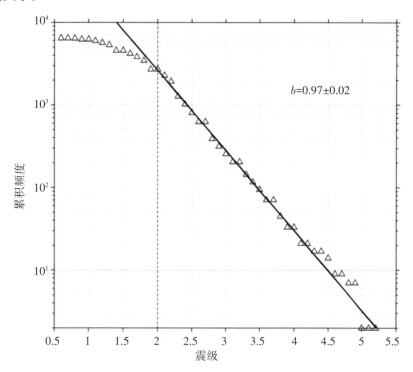

图3-1-4　岷县-漳县6.6级地震邻区地震震级-频度关系（1990年01月01日—2013年07月21日）

3.1.2.2　地震b值和Δb值震前的异常特征

（1）地震b值空间扫描结果

图3-1-5给出岷县-漳县6.6级地震前的地震b值空间扫描结果，图中不同颜色代表b值的高低，该区域的地震b值在0.53～1.65之间，该区域存在两个明显的低b值区域（$b<0.7$）：临潭-宕昌断裂带与西秦岭北缘断裂带之间，白龙江断裂带西段，岷县-漳县6.6级地震发生在临潭-宕昌断裂带与西秦岭北缘断裂带之间的低b值区域边缘，未发生在低b值区域的内部。岷县-漳县6.6级地震位于西秦岭北缘断裂带和东昆仑断裂带两条大型走滑断裂带之间，也就是"中国大陆7、8级地震危险性中长期预测研究"给出的西秦岭北缘断裂带中西段和甘青川交界$M\geqslant7$地震危险区的边缘（M7专项工作组，2012），1900年以来该地震邻区50 km范围内共记录到3次5级以上地震，都集中发生在2003年以后，地震活动有所增强。从区域构造的几何特征及运动学特征角度分析，西秦岭北缘断裂带走滑及向南北两侧逆冲"花状构造"是临潭-宕昌断裂带上中强地震频繁发生的重要动力因素，临潭-宕昌断裂带东段的频繁地震可能会引起其中段和西段的应力调整，可能触发震级相当的地震发生，该断裂带中段的地震危险性有增强的趋势。从低b值区域大小与震级强度之间的可能关系来看，低b值异常范围越大，其强震潜在危险性可能就越大，岷县-漳县6.6级地震发生在低b值区域的东南边缘，该低b值区域及邻区仍存在发生强震的危险性。

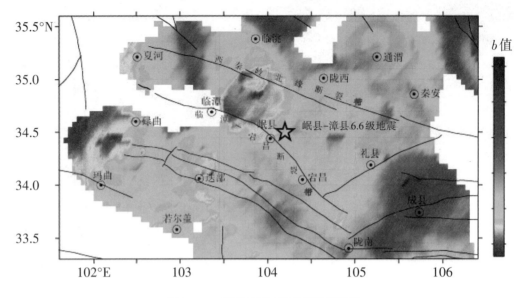

图3-1-5 震前地震b值空间扫描结果

（2）地震Δb值空间扫描结果

地震目录起始时间为1990年1月1日，以半年为步长，逐渐减小地震目录的终止时间，扫描结果中，地震目录起止时间分别为1990年1月1日—2013年7月21日、1990年1月1日—2010年7月21日，地震Δb值的异常最显著，图3-1-6给出岷县-漳县6.6级地震前的地震Δb值的空间扫描结果，图中不同颜色代表Δb大小，Δb值为负值代表该区域的地震b值降低，该区域的地震Δb值在-0.19～0.26之间，岷县-漳县6.6级地震前邻区地震b值明显降低，该区域Δb值异常显著。震前邻区b值明显降低，表明震前邻区应力水平明显增强，同时也表明区域应力场并不是一成不变的，可能随时间变化而不断调整。

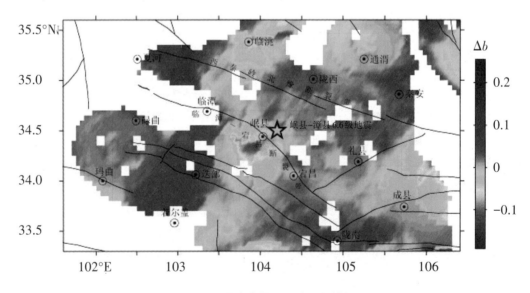

图3-1-6 震前地震Δb值空间扫描结果

（3）地震b值空间扫描误差估计

从误差估计的公式（2）可以看出，样本量的多少、震级下限等参数与地震b值估计误差大小直接相关，一般而言，参与计算的样本量越大地震b值的估计误差就越小，震级下限选择必须大于等于区域测震台网的最小完整性震级M_c，本书通过分析最小完整性震级M_c，震级下限确定为$M_L2.0$，且每个网格点计算b值地震样本量>50的占86.5%，样本量的多少与b值误差大小具有一定的相关性，样本量越少的网格点地震b值估计误差较大。图3-1-7分别给出了1990年1月1日—2013年7月21日和1990年1月1日—2010年7月21日两个时段的b值空间扫描计算误差，地震b值估计误差在0.02~0.25之间，个别网格点的计算b值误差较大，误差估计＞0.15的仅占2.6%，地震b值空间扫描结果范围为0.53~1.65，Δb值为-0.19~0.26，且岷县-漳县6.6级地震邻区的误差相对较小（＜0.09），误差均小于地震b值和Δb的变化范围。

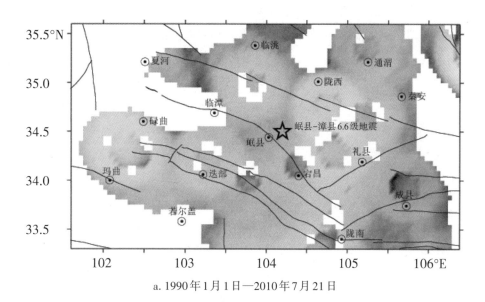

a. 1990年1月1日—2010年7月21日

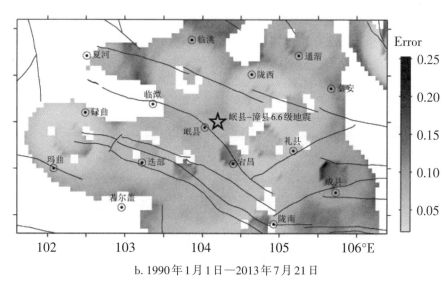

b. 1990年1月1日—2013年7月21日

图3-1-7 地震b值空间扫描计算误差分布图

（4）岷县-漳县6.6级地震前地震b值异常特征总结

通过对岷县-漳县6.6级地震前的b值及Δb异常特征的分析研究，得出如下结论：岷县-漳县6.6级地震发生在甘东南地区明显的低地震b值区域的边缘，从低b值空间尺度以及与6.6级地震空间关系来看，该低b值区域及邻区仍然存在发生强震的危险性；通过对震前地震Δb值异常特征的分析，岷县-漳县6.6级地震前邻区地震b值明显降低，震前异常特征显著，该方法能更有效地缩小异常区域的范围，地震b值的空间扫描和Δb值相互结合可能是进一步确定强震危险区的有效方法之一。

3.2 定点前兆异常

　　地震的孕育与发生不是一个孤立的发展过程，而是一个非常复杂的物理化学过程，地震往往伴随着地壳介质物理化学特性和物理化学场的异常信息，我们把这种地震前出现的与地震发生孕育有关的自然现象称之为前兆现象（梅世蓉，1993），通常地震前兆分为宏观前兆和微观前兆，宏观前兆是人能直接觉察到的现象，微观前兆是人无法觉察到的，必须通过专业的观测仪器才能测量到的前兆现象，如地形变、地电、地磁、地下流体物理量与化学量的变化。要捕捉前兆异常信息，必须要具有一定规模的前兆观测台网，进行长时间的动态跟踪（刘耀炜等，2009）。

　　下面主要介绍2013年7月22日岷县-漳县6.6级地震前甘肃前兆台网观测状况，讨论分析该地震前观测资料的异常变化及同震响应现象。

3.2.1 定点前兆异常

　　在震中500 km范围内，共有25个前兆观测台站，包括40个子台，主要观测项目包括：

　　（1）地下流体观测包括水位（流量）、水温、水氡、气氡、气汞、气体、离子等观测项目。

　　（2）电磁类包括地电阻率、自然电位、电场、低频电磁扰动、地磁不同观测项目等。

　　（3）形变类包括水管倾斜、钻孔倾斜、水平摆、钻孔应变、洞体应变、重力观测项目等。

　　此次地震前有8个台站、5种观测手段、17个测项出现了明显的异常，表3-2-1为异常测项统计表，图3-2-1为500 km范围台站及异常台站（彩色）分布图。

表3-2-1　岷县-漳县6.6级地震前兆异常登记表

异常项目	测　点	分析方法	异常判据	震前异常起止时间	震中距/km
流量	水李沟	日值、去趋势	高值	2012年04月至2012年07月	179
水温	清水温泉	日值、整点值	低值	2013年07月至2012年07月	185
水氡	天水花牛	日值（旬均值）	高值	2013年04月至2013年08月	155
水氡	武山1号泉	旬均值	改变原有趋势	2012年02至2013年09月	83
水氡	武山22号井	旬均值	改变原有趋势	2012年02至2013年09月	83
水氡	武都	旬均值	趋势下降	2011年05月—	150
水氡	平凉北山1号泉	日值	破年变	2012年10月至2013年04月	260
水氡	平凉北山2号泉	日值	测值偏高	2013年02月—	255
水氡	通渭温泉	旬均值	测值升高加速下降	2011年01月至2013年02月	120
电阻率	天水（3测道）	日值	振荡波动	2013年04月至2013年07月	150
电阻率	临夏（2道）	日值、距平	打破年变低值	2013.年12月至2013年06月	126
电阻率	武都（1道）	日值、距平	趋势性高值	2009年08月—	150
洞体应变	兰州十里店（2道）	分钟值	趋势性转折	2012年08月—	190

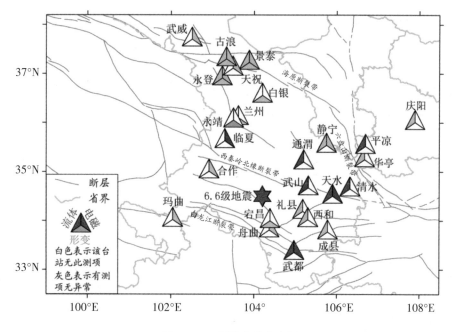

图 3-2-1　异常台站分布图

前兆学科震前异常我们分流体、形变、电磁三大学科分别分析讨论。

3.2.1.1　流体学科

流体学科有观测台站 21 个，包括 26 个子台；400 km 范围有 17 个台站，包括 22 个子台；观测项目有水位（流量）、水温、水氡、气氡、气汞、气体和离子等测项。水位观测均为静水位，流量观测为人工观测日值，观测时间为每天早上 8 点，观测流满 1 L 水需要的时间；水氡为人工模拟观测，水位、水温、气氡及气汞为数字化观测，表 3-2-2 为流体观测台站及观测项目。

表 3-2-2　流体台站震中距及测项

震中距范围/ km	台　站	观　项
<100	武山、礼县、西和	水氡、气氡、气体离子
100≤震中距<200	武都、通渭、成县、天水、清水、静宁、临夏、兰州	水氡、气氡（气汞）、水位（流量）、水温
200≤震中距<300	华亭、平凉	水氡、气氡、水位、水温
300≤震中距<400	永登、景泰、庆阳、古浪	水位、水温
600≤震中距<700	临泽	水位、水温
700≤震中距<800	高台	水位、水温
800≤震中距<900	酒泉、嘉峪关	气氡、水氡

本次地震前，流体学科出现异常的测项较多，有水温、流量、水氡等观测手段，空间上大部分异常测点分布在震中的东北方向（图 3-2-1），多数测点震中距在 200 km 以内，只有平凉北山水氡震中距在 260 km 左右。时间上既有短临异常，又有短期、中短期、中期及中长期异常，下面根据不同的时间进程来讨论分析。

（1）短临异常

该地震前出现短临异常的测点只有清水温泉水温。清水温泉水温观测点位于甘肃省清水县城东北的汤峪河峡谷内，观测井深443.3 m，观测井水位、水温不受降水影响，观测井距离震中185 km左右。观测资料始于2007年7月，多年来资料稳定连续，整体呈上升趋势。2011年初观测资料出现过低值过程，但附近地区并未发生5.0级以上地震，岷县-漳县6.6级地震前11天观测资料出现下降，下降幅度为0.005 ℃，显示出震前短临异常（图3-2-2），观测仪器正常，环境无干扰，异常可信度较高，以往水温观测资料分析总结的震例短临异常及短期异常较多，可信度较高。

（2）短期及中短期异常

出现短期异常的测点有天水花牛水氡、平凉北山2号泉水氡，平凉北山1号泉水氡异常出现在震前9个月左右。

1）短期异常

①天水花牛水氡

天水花牛水氡距离震中155 km左右，从以往观测资料可知，其正常背景为下降速率比较稳定的变化趋势，趋势下降中出现高值时为震前异常。2008年汶川8.0级地震前出现了明显的高值异常，汶川地震后曲线又按比较稳定的速率下降，2013年4月开始又出现了比较快速的上升变化，测值明显偏高，属于短期异常变化，这种变化一直持续到地震发生，震后测值基本恢复（图3-2-2）。异常持续时间为3个月。

②平凉北山2号泉水氡

平凉北山2号泉水氡观测点位于平凉市泾河以北的北山，距离震中260 km左右，从以往资料可知，观测资料有比较明显的年变形态，略有逐年下降的趋势，并且年初上升比较缓慢。而2013年2月份转折上升后上升速率快于正常年份（图3-2-2），并且4月份测值已经达到以往正常年份的最高值，高值异常持续到地震发生。震后从8月3日开始，测值又出现大幅上升变化，异常出现在震前6个月。

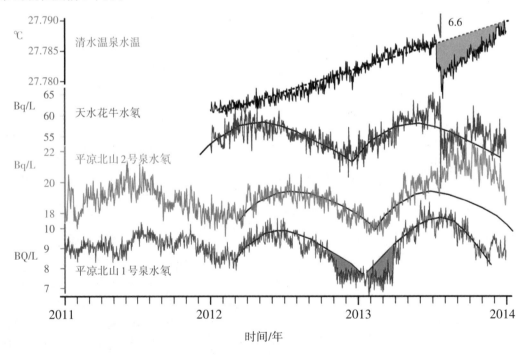

图3-2-2　清水温泉水温、天水花牛水氡、平凉北山2号泉水氡、平凉北山1号泉水氡

③平凉北山1号泉水氡

平凉北山1号泉与北山2号泉相距几十米，距震中260 km左右。从图3-2-2中可以看出，

2011年的年变并不很完整，2012年有比较完整的年变，基本呈夏高冬低的年变形态。2012年10月中下旬开始出现下降速率增大的异常变化，11月开始破年变转平，测值偏低，一直持续到2013年3月18日之后测值恢复，出现正常年变，异常出现在震前9个月左右，异常持续时间5个多月。

2）中长期异常

该地震前出现中期异常的测项有武山1号泉水氡、武山22号井水氡，清水流量。

①武山水氡

武山地震台有武山1号泉、武山22号井水氡两个观测点，观测点位于武山县温泉乡。武山1号泉距离震中83 km，从以往观测资料可知，2008年汶川地震之后整体为下降趋势；2011年6月下旬至最低（图3-2-3），之后出现波动，2011年11月初结束，2012年3月出现快速转折上升，6月达到最高值，之后转平，在转平平稳变化过程中发生了6.6级地震，震后出现了明显的高值震后效应，2013年9月震后效应结束，测值又回到震前的变化水平。异常出现距离发震1年4个多月。

武山22号井距离震中83 km，距离武山1号泉几十米左右，两个点在震前的异常特征非常相似，就是在2008年汶川地震之后出现趋势下降，2011年4月底之后出现一些高值波动，2012年2月底至最低值，2012年3月开始出现上升，6月转平，2013年7月22日发生地震，地震之后持续高值，2013年9月底至10月初开始下降，测值基本恢复到震前水平，异常出现时间在震前1年4个多月。武山1号泉和武山22号井两个测点异常出现的时间和形态比较相似。

②清水流量

清水流量为人工日值观测井水流量，每天早上8点观测流满1 L水需要的时间，观测资料动态较稳定，本地降水对该井观测动态干扰较小。

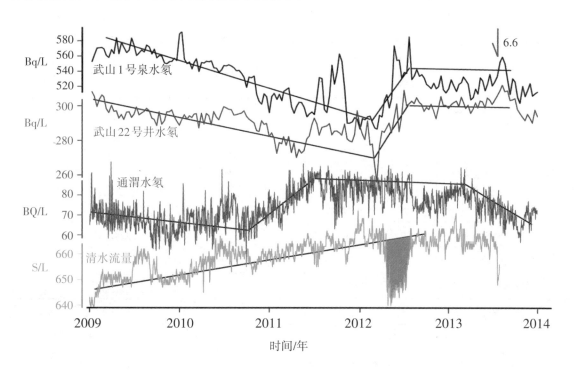

图3-2-3　武山1号泉水氡、武山22号井水氡、通渭水氡、清水流量

观测资料始于1985年1月，多年来观测资料整体呈下降趋势，自观测以来，附近地区的多次中强震前出现比较明显的异常，而以往震例是在高值下降的基础上发生地震，只是以往异常

幅度较小，而民乐-山丹6.1级地震（岷县5.2级地震）和岷县-漳县6.6级地震异常幅度明显较大。

由于2008年汶川地震引起清水流量的同震效应幅度较大，我们截取2009年以来的资料进行分析（图3-2-3，记录的是流满1L水需要的时间，图中低值为流量增大），从图中看出，2012年4月出现的高值异常比较明显，持续时间为3个月，至2013年7月下旬结束（在这期间，进行过现场调查，未发现环境干扰和人为因素影响，异常可靠），上升幅度高达26 s（每天观测为流满1L水需要的时间），以往该测点出现异常持续结束后，到发震最长时间为9个月，这次在异常结束1年后发生地震，属中长期异常，距离较近，为180 km左右，地震之后的上升为同震引起。

3）长期异常

该地震前出现长期异常的测项有通渭水氡、武都殿沟水氡。

①通渭水氡

通渭水氡距离震中120 km左右。从旬均值曲线（图3-2-3）可以看出，曲线在平稳变化的背景下2011年初开始出现快速的转折上升变化，7月达到最高值后又转折缓慢下降，长期异常出现在震前两年半左右。2013年2月出现快速下降短期异常变化，短期异常出现在震前5个多月，地震发生后异常缓慢恢复，由于该点受抽水影响，异常信度可作为参考。

②武都殿沟水氡

武都殿沟水氡距离震中150 km，武都殿沟水氡由于汶川地震的震后效应导致其在汶川地震后出现了快速的下降变化，下降到2009年底时测值达到了震前的水平，之后2011年5月开始出现了快速的下降变化直至地震发生，地震之后出现转折波动略有上升。

3.2.1.2 电磁学科

电磁学科共有20个观测台站，24个子台；400 km范围有14个台站，19个子台观测项目有电阻率、电位、电场、地磁、电扰动及磁扰动等测项。表3-2-3为所有电磁观测台站及观测项目。

表3-2-3 电磁台站震中距及测项

震中距范围/km	台站名	观 项
<100	舟曲	电扰动、磁扰动
100≤震中距<200	武都、通渭、天水、临夏、静宁、兰州、合作	电阻率、电场、电位、地磁、电扰动、磁扰动
200≤震中距<300	玛曲、平凉	电阻率、电场、电位、地磁
300≤震中距<400	永登、天祝、景泰、古浪	地磁、电场、电扰动、磁扰动
400≤震中距<500	武威	电阻率、电位、电场、电扰动、磁扰动
500≤震中距<600	山丹	电阻率、电位、电场
700≤震中距<800	高台	电场、电扰动、磁扰动
800≤震中距<900	嘉峪关	电阻率、电位、电场、电扰动、磁扰动、地磁
900≤震中距<1 100	肃北、瓜州	电场、地磁

电磁学科地震前出现异常的观测手段有天水电阻率NS、EW、NW3个测道，临夏电阻率NS、EW2个测道、武都电阻率NW1个测道；天水电阻率为短期至短临异常，临夏电阻率为中短期异常，武都电阻率为趋势性异常；空间上分布在震中的北东南3个方向。

（1）短临异常及短期异常

天水深井电阻率：天水深井电阻率观测始于2011年11月，距离震中150 km左右。正式观测以来，一直比较平稳，测值变化很小。2013年4月10日整点值曲线开始出现小幅振荡，18日开始出现较大幅度振荡，20日发生四川芦山7.0级地震，震前最大幅度为4.4%，日均值曲线也表现为短时间的大幅度振荡，真正大幅度的波动出现在4月21日至5月2日（图3-2-4），之后EW、NS两道陆续出现一些小幅波动，6月12日开始整点值曲线再次出现比较连续的小幅振荡，15日至7月8日间歇性出现大幅度振荡，其中NS道7月8日显著性突跳，EW道振荡比较明显，7月22日发生岷县-漳县6.6级地震，震前最大幅度为2.6%，日均值曲线则表现为6月20日开始的快速下降和振荡。异常形态与芦山地震前的形态相似，震前最大幅度2.6%，7月14日后振幅减小，NW道资料震前异常没有另外两道明显。分析认为天水井下地电阻率较大幅度波动变化为岷县-漳县6.6级地震的短期至短临前兆异常。

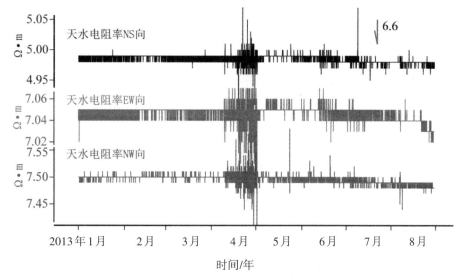

图3-2-4　天水深井电阻率整点值曲线

（2）中短期异常

临夏电阻率：观测始于1981年，以往年变清楚，也有过震前异常。期间多次出现环境线路影响，进行过线路改造。分析认为2011年以来测值基本稳定，2012年底出现上升，特别是NS道上升速率更快，测值明显高于2011年至2012年，2013年5月初开始快速下降，地震之后两个多月转折回返。图3-2-5为临夏电阻率日均值及其矩平残差曲线。

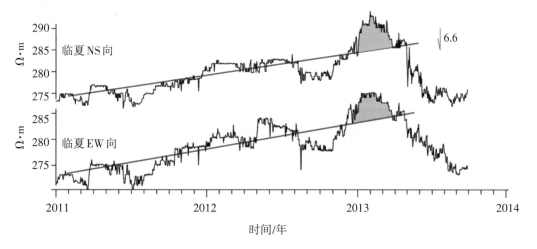

图3-2-5　临夏电阻率日均值及其矩平残差曲线

（3）趋势性异常

武都电阻率NW道：观测始于1991年，其NW道年变化比较清晰，对2003年岷县5.2、2004年岷县5.0、2006年文县5.0级地震均有较明显的反应。

2006年开始出现上升，上升速率较缓，2009年下半年再次出现趋势性快速上升，2013年4月因移动电极造成阶降；其矩平残差曲线表现出明显的趋势性上升和高值异常。

3.2.1.3 形变学科

形变学科有13个台站，包括14个子台。400 km范围有10个台站，包括11个子台。观测项目有水管倾斜、钻孔倾斜、水平摆、洞体应变、钻孔应变、重力等测项。表3-2-4为形变观测台站和观项。

表3-2-4 形变台站震中距及测项

震中距范围/km	台站名	观 项
<100	宕昌、武山	水管倾斜、洞体应变、钻孔倾斜
100≤震中距<200	武都、临夏、永靖、兰州	钻孔倾斜、分量应变、重力
200≤震中距<300	白银	水管倾斜、洞体应变、钻孔倾斜、水平摆
300≤震中距<400	永登、景泰、古浪	钻孔倾斜
600≤震中距<700	肃南	水管倾斜、洞体应变
700≤震中距<800	高台	钻孔倾斜、分量应变、重力
800≤震中距<900	嘉峪关	水管倾斜、洞体应变

2013年岷县地震前出现异常的台站只有兰州十里店洞体应变2个分量。

兰州十里店洞体应变：有短基线和长基线两套观测仪器，该两套伸缩仪出现的年度异常形态基本类似，短基线的伸缩仪资料的连续性更好些。

从2009年以来伸缩仪的南北分量的背景为北倾趋势，2013年4月底出现转折变化，7月初，由于进行了仪器校准，出现了连续的快速下降，22日发生了岷县-漳县6.6级地震。从2009年以来伸缩仪的东西分量背景为向西倾趋势，其中2010年的转折变化为仪器校准所致。2012年9月1日开始出现了趋势性转折变化，主要为由向西倾斜转为向东倾斜的异常变化，异常持续到2012年底，2013年开始出现显著的转折变化（向西倾斜），2013年的4月20日发生了芦山7.0级地震，震后资料转平；7月初仪器校准，造成资料小幅度地快速下降，于7月22日发生了岷县-漳县6.6级地震，震后资料出现了向东倾斜的趋势，直到10月17日开始出现了转折恢复。

综上所述，岷县-漳县6.6级地震前兆异常主要特征如下：从异常测点的分布来看，主要分布在西秦岭北缘断裂带上及以北地区，南部有武都电阻率和武都殿沟水氡，东北部有平凉水氡，北边有兰州洞体应变，震中距基本在200 km范围之内，异常的分布特征也受到监测台站分布的影响，因为甘肃的观测台站东南部比较密集，中西部比较稀疏。异常种类以流体异常为主，短临异常为清水水温和天水深井电阻率；中短期异常有天水水氡、平凉北山2号泉水氡、平凉北山1号泉水氡，临夏电阻率、兰州十里店洞体应变等，中长期异常有清水流量、武山1

号泉水氡、武山2号泉水氡、通渭温泉水氡、武都殿沟水氡等,趋势异常为武都电阻率,虽然6.6级地震前出现了部分可能的临震异常现象,但是,由于地震过程的复杂性,在目前的认识水平下真正识别临震异常还是比较困难的,比如清水水温,以前也出现过一次类似这样的低值变化,但附近地区并无5.0级以上地震发生。

这次6.6级地震多数观测点在400 km以内,从以上的讨论知道,出现明显异常的测点较少,异常项次比较低,这就说明地震前兆异常的复杂性,当然,也可能关系到多个方面的问题,例如观测仪器的稳定性、观测环境的好坏、观测点的条件等。以异常种类来看,地下流体异常较多,水氡异常主要表现为上升、下降和转折性的变化,电磁学科天水电阻率为整点值振荡,临夏电阻率为上升、下降异常,武都电阻率为上升异常。形变学科兰州伸缩仪NS、EW两道为转折变化。

从异常的特征来分析,中短期异常可能反映了南北地震带中北段的整体构造活动特征。异常出现后发生了2013年4月20日芦山7.0级地震和7月22日岷县-漳县6.6级地震成组地震活动,也就是说甘东南地区的中短期异常可能是2次强震孕育过程的产物,因为芦山地震距离甘东南地区的几个异常台站基本在500 km左右,武都在400 km左右。同时,由于芦山7.0级地震发生,引起了南北地震带中北段应力场的调整和触发作用,岷县-漳县6.6级地震前的中短期异常可能不排除与芦山7.0级地震的震后效应有关,因此岷县-漳县6.6级地震的前兆异常可能存在部分芦山7.0级地震的震后调整变化。

3.2.2 定点前兆观测同震响应

此次地震时,有17个台站的50多个测项出现同震响应,主要为形变和流体学科,形变学科出现同震响应的台站不受震中距限制,流体学科主要出现在200 km以内,个别台站超过300 km。图3-2-6为同震响应台站分布图。

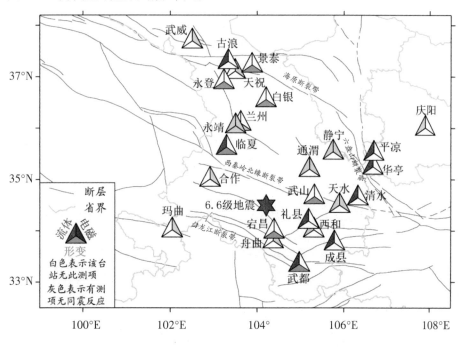

图3-2-6 同震响应台站分布图

3.2.2.1 流体观测资料同震响应分析

流体学科有8个台站的10个测项出现同震响应,其中水位有8个观测项,水温有2个测项出现明显的同震响应。

（1）水位（流量）观测同震响应特征及分析

本次地震，水位（流量）观测只有清水李沟流量、礼县流量、平凉柳湖水位3个测项记录到比较明显的同震现象，华亭水位、临夏1号井水位、临夏2号井水位、古浪水位、武都樊坝水位5个测点记录到很微弱的同震现象，其他11个测项没有记录到同震响应。

清水李沟流量2013年以来观测资料比较平稳，每天早上8点钟观测，地震为7时45分，所以，当天观测时就观测到明显的同震效应，上升幅度为15 s/L，以往观测资料在正常时段（环境无干扰、无异常）不会出现这么大幅度的变化，持续时间为40天左右，之后略有恢复。

礼县流量观测井位于甘肃省礼县石桥镇，井深268.40 m，观测含水层的封闭性较好。以往观测资料日变幅较大，每天观测时间为早上8点钟，2013年观测资料总体较平稳，地震之前观测资料比较稳定，当天观测是在地震后，观测到31 s/L的上升变化，持续时间较短，20天左右恢复到上升前的水平（图3-2-7）。

平凉柳湖井原为自流井，2007年断流，2008年汶川地震之后进行灾后重建，架设水位观测，现有观测资料始于2011年11月。该井水位观测资料虽然在趋势上受当地开采的影响，还是能记录到一定的潮汐，在以往大震时水位和水温也记录到同震响应现象。这次地震时记录到比较明显的同震现象，地震之后观测资料快速下降，3小时之后基本恢复原来的上升趋势。

华亭水位、临夏1号井水位（LN-3）、临夏2号井水位、古浪水位、武都樊坝水位，变化形态有突降、脉冲，但幅度较小，持续时间很短，在10分钟之内基本恢复。

地下水位（流量）的同震变化，反映了地壳形变和地面震动引起地下介质贮层变形、孔隙疏通、裂缝的清理、产生裂缝等变化。地震引起水位同震变化主要有振荡和阶变两种形态，也有振荡中出现上升或下降变化的，也有在上升或下降之后随之发生振荡的。振荡型变化是指在地震波作用下水位快速来回波动，地下水位出现类似地震波的高频振荡，地震波经过后水位很快平静下来。阶变型的同震变化是指在地震振动的作用下，地下水位发生阶变式的上升或下降变化，它反映了地下介质的孔隙、裂隙被疏通或地下水力学特征发生改变，可能是塑性变化的结果。这种变化通常需要十几分钟多至几个月的时间才能恢复，有些测点在其他地震前出现的变化是永久性的（刘成龙等，2009）。

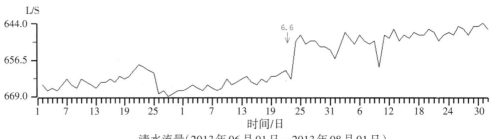

清水流量（2013年06月01日—2013年08月01日）

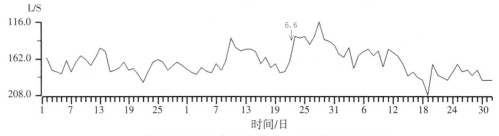

礼县流量（2013年06月01日—2013年08月01日）

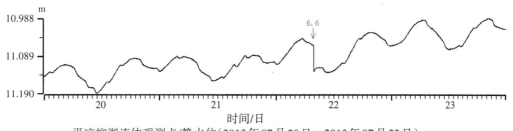

平凉柳湖流体观测点/静水位（2013年07月20日—2013年07月23日）

图3-2-7　清水流量、礼县流量、平凉柳湖水位同震图

（2）水温同震响应及分析讨论

水温观测资料中，只有柳湖水温和成县水温在这次地震中出现比较明显的同震响应，其余资料基本不明显。

平凉柳湖水温观测时间为2011年11月，观测资料变幅较大，但地震前后资料比较平稳，地震后快速下降，8时11分左右下降至最低，下降幅度为0.025℃，之后缓慢恢复，两小时之内基本恢复正常（图3-2-8）。

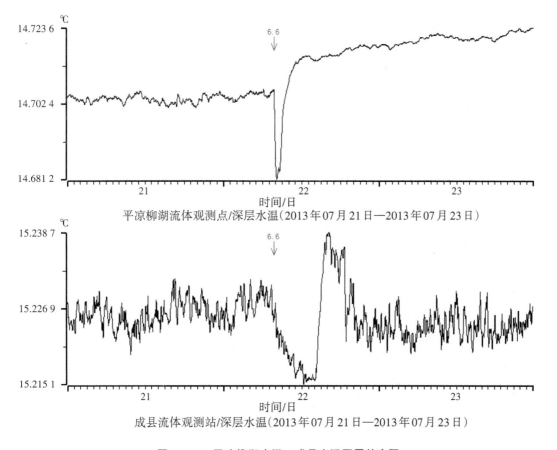

平凉柳湖流体观测点/深层水温（2013年07月21日—2013年07月23日）

成县流体观测站/深层水温（2013年07月21日—2013年07月23日）

图3-2-8　平凉柳湖水温、成县水温同震效应图

成县水温观测资料始于2007年6月，多年来观测资料比较稳定，整体呈上升趋势。地震之后缓慢下降，下午14时之后快速恢复，20时开始基本恢复至正常水平，下降幅度为0.011℃（图3-2-8）。

多年来，前人对水位同震变化已有比较多的研究，而水温的同震响应现象近年来才引起地震学家的关注，其机理的研究目前也处于探讨阶段，而且比较复杂。另外，前人研究的水温同震响应特征多数以水温阶变下降为主，也有波动或上升变化的，这也说明水温的同震响应受多种因素的制约。

地震波作用引起的含水层介质形变可促使其孔隙压力发生变化，这种孔隙压力的变化会导致水流速度及水体与围岩间的热量变化。如果这种作用持续时间较长，则观测井内水体温度是一持续变化的过程；如果井-含水层系统在地震波作用下发生了塑性形变，那么井-含水层系统会在短时间内达到新的平衡，则井水温度会很快达到新的稳定状态。当然，井水温度的变化与井-含水层系统参数改变密切相关。地震发生时，地震波作用于含水层系统后，使其介质发生了变形，这种应力作用激活了孔隙、裂隙中的充填物（如气体、滞水等），使得在空隙内运移的水体流动状态发生变化，导致各水体间及水体与围岩的热量交换加强或减弱，从而导致观测井内水体温度产生变化（孙小龙等，2008）。

3.2.2.2 形变观测同震响应分析讨论

形变学科有11个台站的40多个测项出现不同程度的同震响应，多数测项很快恢复原来的动态，个别测项恢复时间较长，为2~3个月的时间，下面分不同测项进行分析与讨论。

（1）洞体应变

2013年7月22日岷县-漳县6.6级地震时，洞体应变观测有宕昌、兰州十里店、白银、肃南、嘉峪关5个台站，兰州十里店有2套观测仪器，5个台站共6套观测仪器，地震时观测仪器均正常，而且都记录到该地震的同震响应，只是个别测项不明显，图3-2-9中第一、第二两条曲线为白银NS和宕昌EW道记录曲线。

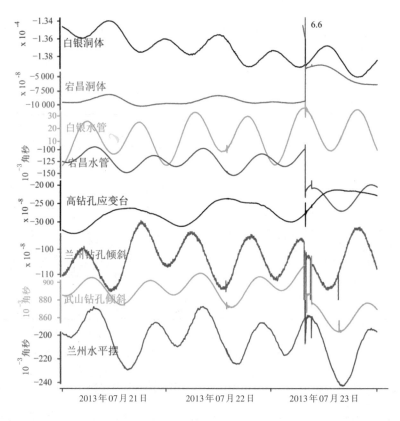

图3-2-9 形变不同的观测仪器同震图

宕昌洞体应变现有观测资料始于2007年6月，由于仪器老化，观测资料动态不是很好，但这次记录到明显的同震响应，其中北南向突降，在低值持续两个小时左右恢复，东西向突升，之后缓慢下降，至23日20时左右恢复正常。

兰州洞体应变有2套（长短基线）仪器，一套现有观测资料始于2007年6月1日，多年来观测资料比较稳定，有正常的年变形态；一套观测资料始于2010年12月底。两套仪器记录的均为北南向同震响应明显，分别为反向的脉冲，很快恢复原来状态，东西向记录的同震响应比较微弱。

白银洞体应变观测资料始于2007年6月1日，东西向年变形态较好，北南向2013年之后整体呈下降趋势。两个方向均记录到明显的同震响应现象，北南向为正脉冲，东西向为负脉冲，5分钟之后完全恢复到之前的状态。

肃南洞体应变观测资料开始于2008年，北南向多年来基本呈上升趋势，东西向2007年至2011年也呈上升趋势，2012年转平，2014年之后为下降趋势。北南向的资料记录潮汐很明显，每天的大小波非常完整，东西向半月波比较明显。该地震时北南向为突降，几分钟之内快速恢复原来状态，东西向是突降的负脉冲，也是很快恢复到原来状态。

嘉峪关洞体应变观测资料开始于2007年6月14日，观测资料连续可靠，有明显的年动态，北南向观测资料比较稳定，东西向有较大波动。地震时两个方向记录到同震响应，均为短时间的波动，很快恢复原来趋势。

（2）水管倾斜仪

2013年7月22日岷县–漳县6.6级地震前水管倾斜观测有宕昌、兰州十里店、白银、肃南、嘉峪关5个台站，地震时所有观测仪器正常，都记录到该地震的同震响应，图3-2-9中第三、第四两条曲线为白银NS和宕昌道记录曲线。

宕昌水管倾斜最早观测开始1988年。观测仪器稳定性不如其他几个台，地震之前资料比较稳定可靠，日变形图清楚，地震时两个方向均为突降，5分钟左右基本恢复日变形态，东西向测值5天之后恢复到地震前的水平，北南向持续半年以后才恢复到地震前的水平。

兰州水管倾斜最早观测开始于1986年，后来经过"九五""十五"改造，现有观测资料始于2007年8月，多年来资料比较稳定可靠，地震前后观测仪器正常。地震的同时两个方向记录到比较明显的同震响应现象，两个方向均为短时间的波动，20分钟左右完全恢复到原来的状态。

白银水管倾斜仪现有观测资料始于2007年7月，观测资料稳定可靠，日变形态非常完整。北南向为正脉冲，东西向为负脉冲，5分钟左右恢复原来形态。

肃南水管倾斜最早观测开始于1997年底，资料比较稳定可靠，观测资料日变形态完整，该地震时两个方向记录到明显的同震响应，记录的同震形态为脉冲波动，之后快速恢复到原来的形态。

嘉峪关水管倾斜现有观测资料始于2007年7月，观测资料日变形态完整，该地震时两个方向记录到同震响应，记录的同震形态为脉冲波动，1个小时之内恢复到原来的形态。

（3）钻孔应变

钻孔应变在2013年7月22日地震之前，只有高台和临夏两个台站，均记录到该地震的同震响应。图3-2-9中第五条曲线为高台钻孔应变记录同震响应曲线。

高台钻孔应变多年来观测资料稳定可靠，北南和东西向有很明显的年动态，4分量观测资料整体为下降趋势。地震时4个方向均记录到同震响应，记录同震响应的形态均为短时波动，基本在15～20分钟之内恢复到原来状态。

临夏钻孔应变开始于2007年9月，多年来观测资料稳定可靠，北南向有比较明显的年动态，4分量观测资料整体为下降趋势。地震时4个方向均记录到同震响应，北南向和北东向为短时的波动，东西向和北西向为负脉冲波动，基本在20分钟左右恢复到原来状态。

（4）钻孔倾斜

2013年7月22日岷县-漳县6.6级地震前钻孔倾斜观测有武都两水、武山、临夏、兰州、景泰寺滩、永登、古浪、高台8个台站，地震之前两天古浪横梁仪器出现故障，临夏钻孔倾斜2013年6月23日仪器故障，其他观测仪器正常，都记录到该地震的同震响应，图3-2-9中第六、第七条曲线为兰州钻孔倾斜、武山钻孔倾斜NS记录同震响应曲线。

两水钻孔倾斜现有观测资料始于2011年11月，资料稳定性一般，地震前两个月观测资料比较稳定，记录到比较明显的同震响应现象，北南向为正脉冲，东西向为负脉冲，两个方向均在几分钟之内恢复到震前的状态。

武山钻孔倾斜于2011年11月开始观测，观测资料基本正常，地震时两个方向均记录到比较明显的同震响应，北南向为负脉冲，东西向为脉冲波动，两个方向很快恢复到地震前的状态。

兰州钻孔倾斜于2011年11月开始观测，观测资料基本正常，地震时两个方向均记录到比较明显的同震响应，北南向为负脉冲，东西向为正脉冲波动，两个方向很快恢复到地震前的状态。

景泰寺滩钻孔倾斜观测资料始于2008年1月，资料连续性稳定性一般，2013年7月22日岷县-漳县6.6级地震前观测资料比较稳定，两个方向记录到比较明显的同震响应，北南向为负脉冲，东西向为脉冲波动，均在10分钟之内快速恢复。

永登钻孔倾斜观测资料始于2008年1月，资料连续性稳定性一般，2013年7月22日岷县-漳县6.6级地震前观测资料比较稳定，两个方向记录到比较明显的同震响应，北南向为负脉冲，东西向为脉冲波动，均在10分钟之内快速恢复。

高台钻孔倾斜现有观测资料多年来波动较大，动态特征不明显，2013年岷县-漳县6.6级地震前观测资料比较稳定。地震时记录到明显的同震响应，北南向台阶下降，9时30分左右恢复原来的动态，东西向先突升，又快速下降，也是在9时30分左右恢复到原来动态，下降的台阶没有恢复。

（5）水平摆倾斜仪

水平摆只有兰州十里店一个测点，观测资料始于2007年6月1日，多年来观测资料稳定连续，有完整的年动态。地震之前观测资料比较稳定，地震时两个方向均记录到明显的同震响应现象，北南向先突降，又快速上升，下降幅度大于上升幅度，10分钟之内快速恢复到原来动态，东西向出现正脉冲，也是快速恢复到原来的变化形态，图3-2-9中第八条曲线为兰州水平摆记录同震响应的观测曲线。

（6）重力仪

重力观测有兰州十里店和高台2个台站，观测资料均始于2007年7月，多年来观测资料连续可靠，有稳定的年动态。

兰州重力仪在地震前观测资料稳定，在地震的同时缺数，也许是地震引起的。高台重力仪记录到明显的同震响应现象，同震形态为波动，很快恢复到原来的状态。

形变观测资料中，多数测项记录到很明显的同震响应，只有个别测项记录的同震响应不明显，说明形变观测手段记录2013年7月22日岷县-漳县6.6级地震的同震响应不受观测仪器、发震地点、震级、震中位置、地震波传播路径及发震构造等因素的影响。

3.2.3　定点前兆异常小结

岷县–漳县6.6级地震的震中距多数观测点在400 km以内，从以上的讨论知道，出现明显异常的测项较少，这说明地震前兆异常的复杂性，当然也可能关系到多个方面的问题，例如观测仪器的稳定性、观测环境的好坏、观测井点的条件等。异常测点震中距基本在200 km范围之内。短临异常为清水水温和天水深井电阻率；短期异常以流体为主，中期异常有电阻率和水氡，虽然岷县–漳县6.6级地震前出现了部分可能的临震异常现象，但是由于地震过程的复杂性，在目前的认识水平下真正识别该区域的临震异常仍存在一定困难，例如清水水温，以前也出现过一次类似这样的低值变化，但附近地区并无5.0级以上地震发生。

虽然前兆观测手段出现异常的测项较少，只要某种观测手段在震前能观测到一些异常，我们可以与地震活动性资料结合，也可能对地震预报有一定的借鉴意义。

岷县–漳县6.6级地震时，流体学科有10个测项记录到不同程度的同震响应，其中水温2个测项、水位8个测项记录到同震响应。水温2个测项记录到比较明显的同震，水位观测资料有3个测项记录的同震响应比较明显，另外5个测项记录到比较微弱的同震响应，其余测项没有记录到，而这些井点中也有在其他大震时记录到同震响应的例子，这也说明地下水观测的同震响应受发震地点、震级、震中位置、地震波到观测井的传播路径及发震构造等因素的影响。

形变观测资料：几乎所有观测记录到比较明显的同震响应，说明形变观测手段记录2013年7月22日岷县–漳县6.6级地震的同震响应不受观测仪器、发震地点、震级、震中位置、地震波传播路径及发震构造等因素的影响。

3.3　GPS观测资料异常

基于该区1999年以来的GPS流动观测资料、汶川同震位移资料及2010年以来的GPS连续观测资料，通过临潭–宕昌断裂带的GPS剖面、块体应变率、基线时间序列进行分析，研究了岷县–漳县6.6级地震前的区域地壳运动与构造变形、应变积累，以及大区域地壳运动微动态变化过程，得出了此次地震的震前变形特征，同时分析了汶川地震对此次地震孕育的可能影响，研究结果为认识此次地震的孕震机理提供了基础资料。此外，这次还对震源区进行了地壳形变动力学有限元数值模拟分析。

3.3.1　区域水平相对运动反映的震前动态特征

3.3.1.1　GPS速度场分析

利用1999年以来的多期GPS观测数据，经GAMIT/GLOBK软件和QOCA软件处理（刘峰等，2009），得到了2004—2007期和2009—2011期GPS速度场（2008年速度场有汶川大震的影响，故此处不做分析）。用GPS观测速度场可以较直观清晰地反映地壳相对运动与变形，通常可以把研究区不含变性信息的刚性运动扣除掉（江在森等，2007）。由于这次地震发生在横跨陇中盆地和柴达木块体的临潭–宕昌断裂带上，而其南侧的华南地块是中国大陆最大的相对稳定的地块，利用GPS资料讨论临潭–宕昌断裂带的运动与变形时以稳定的华南地块为参考基准是最为恰当的选择。因此本书在获得ITRF2005参考框架速度场结果的基础上，讨论了以华南地块为基准的GPS速度场结果，图3-3-1给出了两期速度场分布情况。

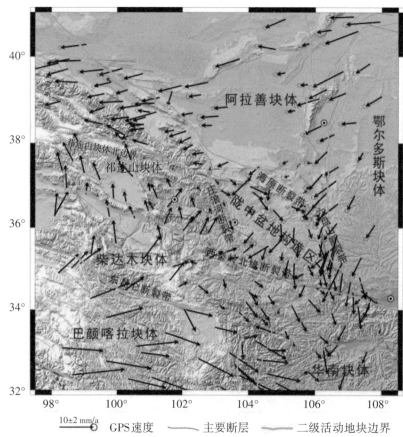

2004—2007期GPS速度场图

2009—2011期GPS速度场图

图3-3-1　南北地震带北段GPS速度场图（华南基准）

图3-3-1速度场结果表明，相比2004—2007期速度场，2009—2011期速度场中临潭-宕昌断裂带附近区域的GPS运动方向和大小均存在显著差异。

从大区域相对运动的分布来看，两期速度场都表明，印度板块推挤引起青藏块体整体差异运动最为显著，呈现NE向地壳缩短和NW向地壳伸张。青藏块体东部向东推挤华南块体，GPS站速度矢量呈现明显的南北分异。川滇菱形块体的侧向挤出滑移变形，使得青藏地块东南部的差异运动最为显著，呈现绕阿萨姆构造结顺时针扭转运动特征。在这种大区域顺时针扭转运动的格局中，临潭-宕昌断裂带及西秦岭北缘断裂带处于顺时针涡旋体内圈位置，方向由近NNE向SE向偏转，是应力积聚区，具有发震的可能性。

临潭-宕昌断裂带处，2009—2011期速度场较2004—2007期速度场GPS运动方向和大小均存在显著差异，2009—2011期速度场中临潭-宕昌断裂带处的速率值较前一期明显增大，而且西秦岭北缘断裂带NE侧的运动方向由2004—2007期的SE向转为SSW向，即垂直于西秦岭北缘断裂带。因此，2009—2011期较2004—2007期临潭-宕昌断裂带附近区域的运动方向及大小的差异性显著，存在发震的危险性。

3.3.1.2 GPS应变率分析

利用1999—2007和2009—2011两期数据，采用REHSM模型计算了华南、巴颜喀拉、柴达木、祁连山和陇中盆地构造区等块体的应变速率（限于篇幅，表3-3-1仅给出与此次地震相关的两个块体的应变率结果）。

表3-3-1 REHSM模型计算的岷县-漳县6.6级地震附近区域块体的应变率参数

地块名	计算时段	$\varepsilon_1/(10^{-8} \cdot a^{-1})$	$\varepsilon_2/(10^{-8} \cdot a^{-1})$	$\gamma_{max}/(10^{-8} \cdot a^{-1})$	$A\varepsilon_1/°$
柴达木	1999—2007	0.54±0.32	-1.46±0.25	2.00±0.38	147.71±5.42
	2009—2011	2.07±0.57	-2.02±0.51	4.08±0.77	146.01±5.21
陇中盆地构造区	1999—2007	0.76±0.17	-1.46±0.20	2.21±0.24	158.95±3.41
	2009—2011	0.55±0.21	-1.05±0.32	1.59±0.35	163.76±6.61

注：表中ε_1为主张应变率，ε_2为主压应变率，γ_{max}为最大剪应变率，$A\varepsilon_1$为主张应变率方位角。

为了保证覆盖大部分发震断层，表3-3-1中柴达木地块东边界的选择到接近华南地块西边界处。表3-3-1结果表明：位于临潭-宕昌断裂带北侧的陇中盆地构造区两期主张应变率变化不大，主压应变率稍有增大；位于该断裂带以南的柴达木地块则表现出显著的差异变形特征，主应变率方向维持稳定，但主张应变率、主压应变率均显著增大，特别是最大剪应变率增大更为明显。上述结果表明，汶川地震发生后，柴达木地块受其影响明显，而由于深大断裂的存在，陇中盆地构造区对其响应不明显。该变形特征预示着分布于两者边界地区的西秦岭北缘断裂带及其附近断裂带（如临潭-宕昌断裂带）存在强震危险。

利用与表3-3-1对应的GPS数据，图3-3-2采用最小二乘配置方法解算得到了研究区域的GPS主应变率场结果（Wu Y Q, et al., 2011）。结果表明，汶川地震前后区域应变积累速度存在显著差异，主要表现为巴颜喀拉地块和柴达木地块NE向挤压和SE向拉张的显著增强，华南地块西部挤压变形的显著增强。在上述汶川地震引起的调整过程中，陇中盆地构造区应变积累速度维持稳定，特别是岷县-漳县6.6级地震震源区附近的应变积累速率有减缓的迹象。上述現象表明，岷县-漳县6.6级地震震源区附近在震前已经积累了较高的应变能且表现出一定的"硬化"迹象，在另一个角度揭示了震源区附近的断裂带处于强闭锁状态。

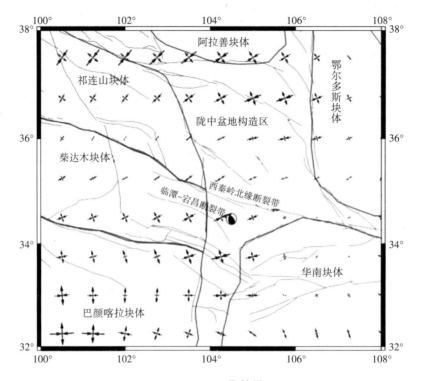

a. 1999—2007期结果

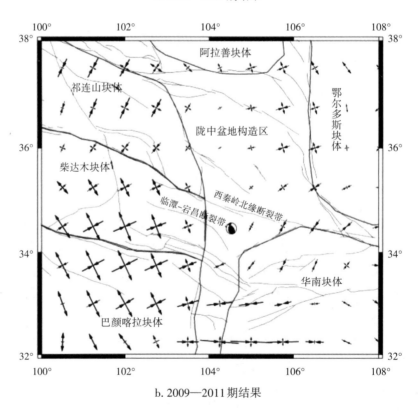

b. 2009—2011期结果

图3-3-2　GPS主应变率结果

3.3.1.3 跨主破裂带及其两侧相对运动与地壳变形分布

根据文献和表3-3-1结果可知，汶川地震对柴达木地块东部地区影响显著，下面对该地区GPS速度场进行剖面分析，选取主破裂带两侧一定区间范围内的台站，将台站测得的速度直接在主破裂带上投影得到平行和垂直断裂走向的速度分量随断裂带距离的分布，并对计算所得的数据进行了多项式拟合。剖面范围为图3-3-3中黑色虚线框。该GPS剖面跨越了岷县-漳县6.6级地震的主破裂带及位于其南北两边的临潭-宕昌断裂带和西秦岭北缘断裂带三条近似平行的断裂带。为了分析汶川地震对该区的影响，图3-3-4还给出了汶川地震同震位移在该区的剖面投影结果，投影范围相同，数据来源于文献（王秀文等，2010）。

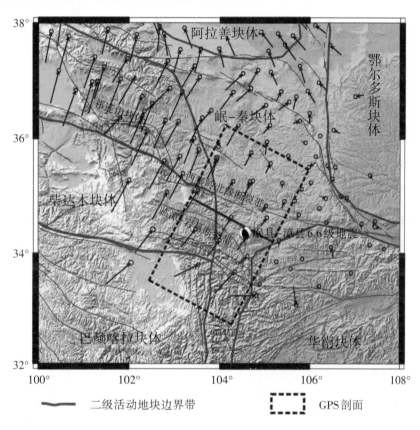

图3-3-3 GPS速度场剖面示意图

图3-3-4 a、c、e为平行断裂的走滑分量（斜率为正表示左旋，反之为右旋），图3-3-4 b、d、f为垂直断裂的拉张（挤压）分量（斜率为正表示拉张，反之为挤压）；0 km的垂线为主破裂带的位置；横轴为GPS台站至主破裂带的垂向距离（-200～0 km为主破裂带SW侧，0～200 km为主破裂带NE侧）；纵轴为速度分量。下面就主要断裂的计算结果做详细分析。

图3-3-4 a结果表明，岷县-漳县6.6级地震的主破裂带两侧存在显著的应变积累，主破裂带处于闭锁状态，其主破裂带南侧0～100 km处的变形速率为1.9 mm/a；图3-3-4 b结果表明，岷县-漳县6.6级地震主破裂带北、南两侧存在垂直于主破裂带方向的、由南向北的横向挤压缩短作用；图3-3-4 c结果表明，汶川地震产生的同震位移分布在岷县-漳县6.6级地震震源区存在显著差异，其左旋增强影响显著；图3-3-4 d结果表明，汶川地震产生的挤压增强影响不是很明显；图3-3-4 e结果表明，其南侧2009—2011期的左旋剪切变形相对于1999—2007期结果有所增强，其主破裂带南侧0～100 km处的变形速率为2.3 mm/a；图3-3-4 f结果表明，岷县-漳县6.6级地震主破裂带北、南两侧均存在垂直于主破裂带方向的、由南向北的横向挤压

缩短作用，但是至主破裂带附近变形显著变小，2009—2011期与1999—2007期结果差别不大。以上结果反映出临潭-宕昌断裂带至西秦岭北缘断裂带之间区域内的断裂在汶川地震前后一直处于闭锁状态，该结果与M7专项工作组在《中国大陆大地震中长期危险性研究》给出的结论一致。而汶川地震的发生可能使得临潭-宕昌断裂带及西秦岭北缘断裂带的应变积累处于增强状态。

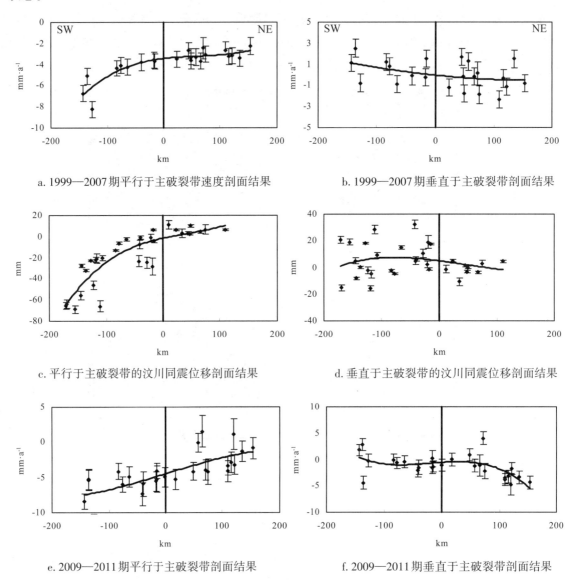

a. 1999—2007期平行于主破裂带速度剖面结果　　　　b. 1999—2007期垂直于主破裂带剖面结果

c. 平行于主破裂带的汶川同震位移剖面结果　　　　d. 垂直于主破裂带的汶川同震位移剖面结果

e. 2009—2011期平行于主破裂带剖面结果　　　　f. 2009—2011期垂直于主破裂带剖面结果

图3-3-4　GPS速度剖面和GPS位移剖面结果

总体而言，1999—2007期GPS速度资料表明临潭-宕昌断裂带及其附近地区的变形背景为挤压兼少量左旋剪切。汶川地震同震位移结果表明，巴颜喀拉块体东部向NE向运动引起了柴达木地块运动与变形调整，表现为柴达木块体向NE向运动增强；由于西秦岭北缘等深大断裂的阻挡，陇中盆地构造区对汶川地震响应不明显，因此汶川地震促进了西秦岭北缘及其附近断裂带（比如临潭-宕昌断裂带）的应变积累水平，有利于该区强震孕育。2009—2011期结果与汶川地震同震影响具有继承性，表现为临潭-宕昌断裂带南侧块体对汶川地震响应明显而北侧块体对汶川地震响应不明显，这也表明了两者边界地区存在强震孕育危险。

3.3.2 GPS基准站反映的震前地壳运动动态变化特征

3.3.2.1 站间基线时间序列特征分析

中国大陆构造环境监测网络的连续站于2010年6月陆续开始试运行，由于观测时间较短，对于其中包含的动态变化尚不能确定多大成分的地壳变形信息，因此下面重点对基线变形速率进行分析。

站间基线时间序列反映了站间的相对运动，且受参考框架等影响较小。图3-3-5为岷县-漳县地震震中周边GPS站间基线的伸缩情况，其中红线代表基线处于挤压状态，蓝线代表基线处于拉张状态，线条的粗细代表了变形的大小。表3-3-2给出了与图3-3-5对应的GPS基线变化的统计结果。图3-3-5和表3-3-2结果表明，震中周边区域的基线伸缩变化率总体呈现NW向伸长、NE向缩短特征，且伸长量明显小于缩短量。另外，基线伸缩变化率还反映出巴颜喀拉块体、陇中盆地构造区和鄂尔多斯块体都存在着内部变形，如QHBM-GSMA，GSDX-GSMX和YANC-GSPL。位于临潭-宕昌断裂带以北的基线GSMX-GSDX反映了陇中盆地构造区内部的相对变形，相较于其他基线结果，该基线的缩短速率较小，约为-0.652 mm/a，表明该断裂带以北地区的地壳变形幅度小于南部，该结果与前文分析一致。上述结果主要反映了汶川地震后该区地壳变形状态，由于采用连续观测方式，其可靠程度更高。

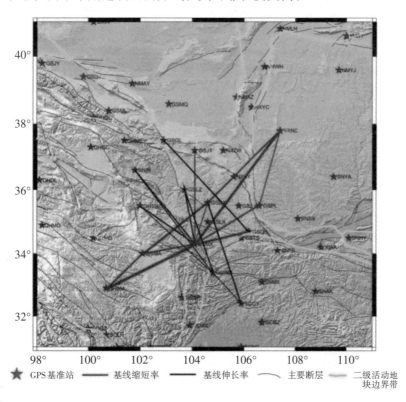

图3-3-5　岷县-漳县6.6级地震震中周边GPS站站间基线伸缩变化率示意图

表3-3-2　GPS基线年变化率计算结果

基线	走向	状态	速率 /mm·a⁻¹	误差 /mm	基线	走向	状态	速率 /mm·a⁻¹	误差 /mm
GSDX-GSMA	NE	缩短	-3.80	0.05	GSMX-QHTR	NW	伸长	1.14	0.15
GSMX-YANC	NE	缩短	-4.13	0.05	GSMX-XNIN	NW	伸长	0.93	0.07

续表3-3-2

基线	走向	状态	速率 /mm·a⁻¹	误差 /mm	基线	走向	状态	速率 /mm·a⁻¹	误差 /mm
GSDX-YANC	NE	缩短	-3.24	0.04	GSMX-GSLZ	NNW	伸长	1.09	0.06
GSMX-GSPL	NE	缩短	-3.26	0.04	QHTR-GSWD	NW	伸长	0.32	0.17
GSMX-GSDX	NNE	缩短	-0.65	0.04	SCGY-GSWD	NW	伸长	0.11	0.11
GSMX-GSQS	NEE	缩短	-3.62	0.05	GSDX-SCGY	NNW	伸长	1.08	0.07
GSMX-QHBM	NE	缩短	-5.90	0.05	GSWD-XNIN	NW	伸长	0.52	0.10
YANC-GSPL	NNE	缩短	-0.78	0.06	GSWD-GSLZ	NW	伸长	1.33	0.09
QHBM-GSMA	NE	缩短	-2.66	0.07	GSQS-GSGL	NW	伸长	1.41	0.05
GSMX-GSMA	EW	缩短	-2.99	-0.05	GSMX-GSJT	NS	伸长	0.15	0.06

　　从速度场图3-3-1可以看出临潭-宕昌断裂带附近区域受到青藏高原NE向运动的推挤作用整体向NE向运动，由于受到东面鄂尔多斯块体和北面阿拉善块体这两个刚性块体的阻挡，出现了大区域顺时针扭转运动，在大区域顺时针扭转运动的格局中，临潭-宕昌断裂带及西秦岭北缘断裂带处于顺时针涡旋体内圈位置。因此该区域显现NE向挤压缩短的运动，SE向拉张伸长的运动，该区域的GPS连续站的基线也反映了这种运动方式（图3-3-6）。NE向的基线GSMX-GSMA、GSMX-GSQS、GSMX-GSLX、GSMX-GSJN、GSMX-GSDX的时间序列曲线斜率为负，说明NE向的基线都处于缩短状态；SE向的基线GSMX-GSWD的时间序列曲线斜率为正，说明SE向的基线处于伸长状态。

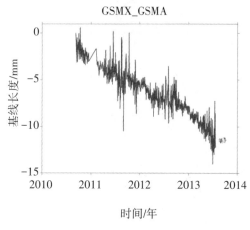

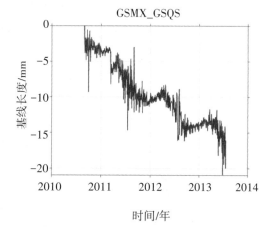

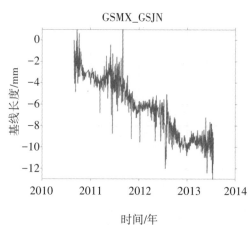

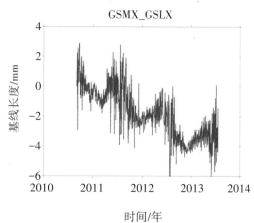

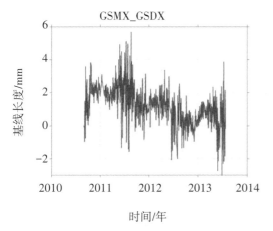
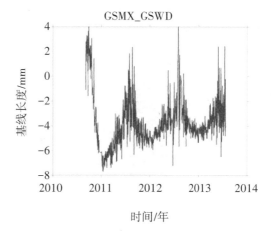

GSMX（岷县）-GSMA（玛曲）；GSMX（岷县）-GSQS（清水）；GSMX（岷县）-GSLX（陇西）；
GSMX（岷县）-GSJN（静宁）；GSMX（岷县）-GSDX（定西）；GSMX（岷县）-GSWD（武都）。

图3-3-6 临潭-宕昌断裂带附近区域GPS基线时间序列图

根据图3-3-6可知，临潭-宕昌断裂带两侧基线的运动方式明显不同，SW侧的基线GSMX-GSMA在震前半年多时间有缩短加速的现象，说明该断裂带SW侧的区域受到的NE向的推挤作用增强，而其NE侧基线GSMX-GSQS、GSMX-GSLX、GSMX-GSJN、GSMX-GSDX在震前半年多时间有明显的缩短趋势转缓的现象，说明其NE侧的区域在震前处于明显的闭锁状态。由于临潭-宕昌断裂带是NE倾向的逆冲断裂，震前其NE侧闭锁，SW侧运动速率加快，可能是导致其地震发生的主要原因。

3.3.2.2 应变时间序列特征分析

站间基线反映的是连线方向的地壳变形，而将3个以上的多个GPS连续站组合起来围成一个区域，可以计算区域的几何变形参数，分析这些变形参数的时间序列变化可以了解该区域的变形性质和强度，研究其动态变形特征。应变变形参数基本不受参考基准的影响，能较为可靠地反映区域的变形性质和应变积累程度。为了进一步讨论岷县-漳县地震前震中区域构造动力背景的动态变化，计算了震中周边的GSMX（岷县）、GSLX（陇西）和GSWD（武都）3个GPS连续站组成的变形单元的连续变形参数（东西向应变率ε_e，南北向应变率ε_n，主张应变率ε_1，主压应变率ε_2，第一剪应变率γ_1，第二剪应变率γ_2，最大剪应变率γ_{max}，面应变率Δ）的时间序列（图3-3-7），进而揭示了震中附近的GPS连续站反映的发震区域震前地壳变形的动态过程。

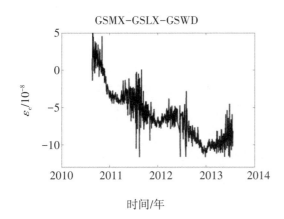
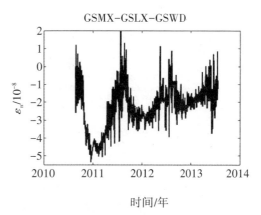

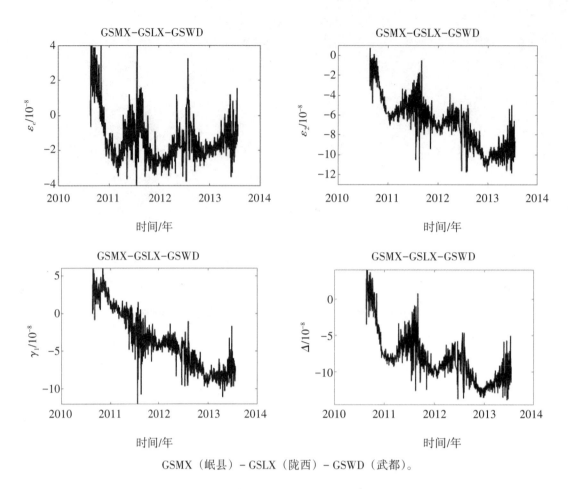

GSMX（岷县）- GSLX（陇西）- GSWD（武都）。

图3-3-7 GPS基准站变形单元应变参数时间序列图

东西向应变率 ε_e 和南北向应变率 ε_n 的时间序列中，负值表示受挤压状态，正值代表拉张背景；主应变速率值（主张应变率 ε_1，主压应变率 ε_2）的大小反映了相应的主应力变化及其相对大小；第一剪应变率 γ_1 反映北东与北西向的剪切变形，取正值表示由南北挤压与东西拉张引起的N45°E方向上的左旋剪切或N45°W方向上的右旋剪切（变形方向相反则取负值）；第二剪应变率 γ_2 反映东西与南北方向的剪切变形，取正值表示由N45°W挤压与N45°E拉张引起的南北向上的左旋剪切或东西方向上的右旋剪切（变形方向相反则取负值）；最大剪应变率 γ_{max} 速率的大小反映了最大剪应力变化的强度；面应变率 Δ 负值表示收缩状态，正值表示膨胀背景。

从GSMX、GSLX和GSWD 3个GPS连续站的应变时间序列（图3-3-7）曲线形态来看，主压应变率 ε_2 与东西向应变率 ε_e 类似，具有一定的年周期变化特征；且东西向应变率 ε_e 大于南北向应变率 ε_n，主压应变率 ε_2 明显大于主张应变率 ε_1，因此该区显示以东西向的挤压性变形为主。第一剪应变率 γ_1 为负值，表示岷县-漳县6.6级地震前该区域一直受NW向左旋剪切作用。面应变率 Δ 累积趋势为压缩。东西向应变率 ε_e、主压应变率 ε_2、第一剪应变率 γ_1 与面应变率 Δ 的大小与变化趋势基本一致，并且都为负值，表明该区域始终受压缩作用，可以判断岷县-漳县6.6级地震前该区域受面收缩率、NNE-近EW向的地壳缩短及NW向左旋剪切作用影响。这与此次地震的发震构造（左旋逆走滑断裂）是一致的。

东西向线应变率 ε_e、主压应变率 ε_2、第一剪应变率 γ_1 和面应变率 Δ 的时间序列曲线的变化趋势基本都一致，且都具有非线性累积特征，表现为由较快向较慢的过程，4条时序曲线都从2013年开始出现偏离原有挤压速率的变化，2013年年中的峰值位置比趋势高，没有降到趋势值。2013年之后的挤压速率相比2013年的趋势明显减缓，这反映了2013年以来震中附近地区EW向的挤压变形、面收缩速率及发震断裂NW向左旋剪切作用均有明显减弱的趋势，即该区域震前存在形变亏损的迹象，也反映了该区域在震前已经积累了较高程度的应变能。因此该地震前不能排除存在背景性异常变化，但临震异常变化不明显。

3.3.3 地壳形变动力学数值模拟分析

为了进一步分析岷县-漳县6.6级地震的孕育发生过程，研究其发震机制，利用甘东南地区地质、地震、地球物理、大地测量等多源观测资料（陈连旺等，1999），构建了震中及附近地区的地壳形变三维数值模型，通过有限元分析结果与实际速度场结果对比，验证了模型的合理性，反演了甘东南地区构造应力场和位移场，分析了构造应力场时空变化特征，为甘东南地区强震趋势及地点预测提供了依据。

3.3.3.1 临潭-宕昌断裂带及其附近区域地质模型的建立

以甘东南地区作为研究目标建立三维地质模型，考虑研究区的地质构造，以及研究区的主要断裂带的分带分布，选取地理区域101.5°～107.5°E，32.5°～36.5°N为研究对象（图3-3-8）。

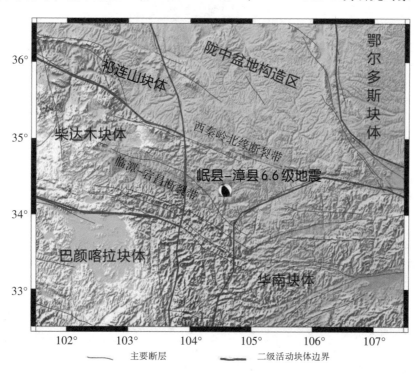

图3-3-8　模型边界选取示意图

根据前人的研究，甘东南地区的莫霍面深度均值为50～55 km，考虑到研究区存在超壳断裂，确定研究区域的厚度为55 km。依据上、中、下地壳的厚度，将模型分成三层，从上到下厚度分别为第一层15 km，第二层15 km，第三层25 km。此边界涵盖了临潭-宕昌断裂带的所有区域，以及甘东南地区的大部分区域。模型的总面积约为295 704 km²，边界共有4个定点，4条边。

3.3.3.2 模型中的断层

本研究关注的是小区域的构造应力场以及变形场，断层特性尤为突出，研究的重点在于该区域的几条大断裂带（图3-3-9）。其中西秦岭北缘断裂带为超壳断裂，因此断裂深度设定为35 km，宽度为10 km，其余断裂均设为深度20 km，宽度5 km的三维地质块体（表3-3-

3）。在整个地质模型中，将模型中块体看作一个连续体，仅将断裂带视为软弱带，把不同的弹性模量、泊松比等物性参数赋予块体和断层软弱带，使断层和周边块体有所不同，重点体现断层对区域应力场以及形变场的影响。

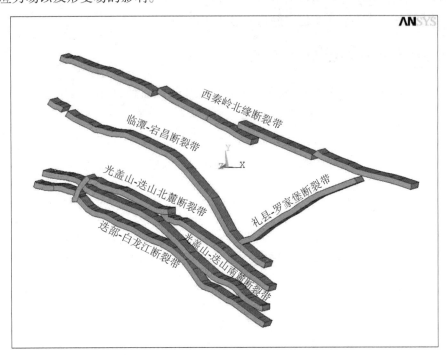

图3-3-9　模型中断裂带的名称及分布图

表3-3-3　选用的断裂带特征表

断裂带名称	断裂深度/km	断裂宽度/km
西秦岭北缘断裂带	35	10
临潭–宕昌断裂带	20	5
礼县–罗家堡断裂带	20	5
光盖山–迭山北麓断裂带	20	5
光盖山–迭山南麓断裂带	20	5
迭部–白龙江断裂带	20	5

3.3.3.3　单元类型的确定

由于3D实体模型的结构分析，需要选用实体单元类型，实体单元类型通常分为六面体单元类型和四面体单元类型。四面体单元类型对于模型要求较低，相比六面体单元类型，四面体单元类型更适合形状不规则的模型，且四面体单元类型中带中间节点，四面体单元与六面体单元的计算精度相当。因此，综合分析本模型选用带中间节点的四面体单元类型（Solid187），Solid187是高阶三维10节点实体结构单元，具有二次位移特性，可以更好地适于模拟不规则模型，该单元由10个节点定义，每个节点沿x、y、z方向具有3个平移的自由度，单元支持塑性、超弹性、蠕变等分析，同时也可以混合使用。

3.3.3.4 物性参数确定

P波与S波和弹性常数之间的关系式：

$$\begin{cases} V_p = \sqrt{\dfrac{\lambda + 2\mu}{\rho}} \\[4mm] V_S = \sqrt{\dfrac{\mu}{\rho}} \end{cases} \tag{3}$$

式中：V_p为p波速度，V_S为S波速度，λ为拉梅常数，μ为剪切模量，ρ是密度。

作为本书研究的各向同性弹性体，5个弹性常数之间存在内在的联系，只要知道其中的2个参数，其他3个参数均可以求得。

$$\begin{cases} \mu = \dfrac{E}{2(1 + \upsilon)} \\[4mm] \upsilon = \dfrac{\lambda}{2(\lambda + \mu)} \end{cases} \tag{4}$$

式中：E是弹性模量，υ是泊松比，λ是拉梅常数，μ是剪切模量，ρ是密度。整合得到块体的剪切模量E和泊松比υ：

$$\begin{cases} E = \dfrac{\rho V_S^2 (3V_p^2 - 4V_S^2)}{V_p^2 - V_S^2} \\[4mm] \upsilon = \dfrac{V_p^2 - 2V_S^2}{2(V_p^2 - V_S^2)} \end{cases} \tag{5}$$

式中：V_p是P波速度，V_S是S波速度，且$\rho=0.32V_p+0.77$，V_p与V_S的经验公式是$V_p/V_S=\sqrt{3}$。

综上几个公式，可以得到数值模拟计算需要的弹性常数。

3.3.3.5 网格划分

在网格划分之前，必须要赋予单元类型和物质属性，单元类型已确定为Solid187。物质属性的赋值方式通常有两种，给块体赋物性参数值和给单元赋物性参数值。一般情况下，以多个分块建立的模型通常用块体赋值法，即不同的块体赋以不同的物性参数，同一块体的物性参数完全相同。由于本研究中模型是分块建模，故选用块体赋值的方法。

对于断层的处理，本模型用弱化带模拟分析断层，赋值物质属性时，将断层体的属性单独赋予一个特别的材料值，该种材料的杨氏模量比周围偏弱，即仅将其杨氏模量赋为周围块体杨氏模量的三分之一值，泊松比较周围块体的泊松比略大，约高出周围块体0.02，且由于模型是小区域的研究，对精度要求较高，依据层析成像的波速结构，每层赋予的杨氏模量都与其上下层不同，这在增大了赋值难度同时也提高了计算精度。块体与软弱带赋值参数见表3-3-4，模型上地壳介质参数分界具体情况如图3-3-10所示。

表3-3-4 甘东南地壳介质物性参数

地壳分层		分区编号	杨氏模量/MPa	泊松比
上地壳	块体	V53、V62、V94、V120、V126、V135、V110、V54、V63、V140、V80、V95、V81、V118、V100、V72、V111、V76、V77、V64、V83、V112、V122、V84、V101、V57、V51、V65、V66、V73、V85、V58、V106	2.44e9	0.25

续表3-3-4

地壳分层		分区编号	杨氏模量/MPa	泊松比
	弱化带	V104、V142、V134、V138、V86、V61、V130、V124、V82、V144、V96、V116、V146、V127、V132、V105	8.14e8	0.26
中地壳	块体	V150、V15、V149、V28、V189、V190、V33、V46、V14、V159、V160、V19、V167、V47、V27、V161、V1、V162、V188、V163、V3、V5、V34、V39、V30、V40、V175、V7、V152、V45、V174、V32、V183	3.86e9	0.26
	弱化带	V182、V17、V31、V16、V41、V168、V176、V192、V164、V29、V18、V179、V177、V185、V194、V196	1.29e9	0.27
下地壳	块体	V48、V10、V148、V22、V169、V186、V23、V44、V9、V153、V154、V13、V158、V2、V157、V187、V3、V4、V25、V156、V21、V24、V37、V38、V42、V173、V6、V151、V43、V171、V20、V181、V165	8.01e9	0.28
	弱化带	V180、V8、V26、V11、V36、V170、V191、V166、V155、V35、V12、V178、V172、V184、V193、V195	2.67e9	0.29

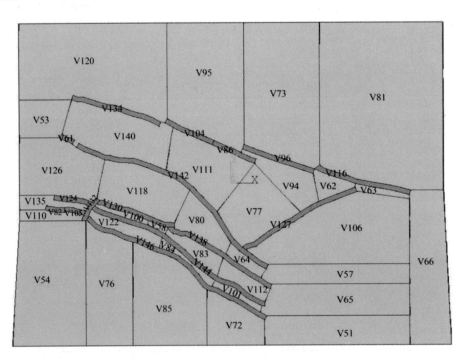

图3-3-10　模型上地壳介质参数分界区图

　　应用Ansys14.0版本软件进行数值模拟分析，网格划分后计算总共得到79 239个网格单元，113 868个节点，单元平均长度在断裂带处约为10 km，断裂带以外约为15 km。具体的网格划分结果如图3-3-11所示。

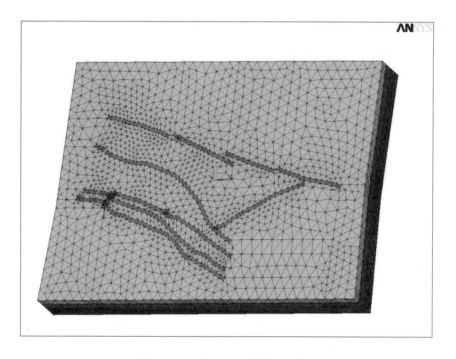

图3-3-11　有限元网格模型示意图

3.3.3.6　边界条件

在进行有限元模拟计算时，边界条件主要采取两种方式进行加载：

（1）利用研究区的GPS观测数据进行插值，以获得研究区域边界的位移或位移速度作为边界条件。

（2）对边界进行不同组合的约束，以达到模拟的效果。由于在本研究建立的模型边界中GPS观测数据太过稀疏，进行边界插值得不出理想的效果，因此在观测数据密集的地区采用GPS插值资料作为边界约束条件，在GPS观测数据缺失的模型边界采用合理约束办法，模型在底面进行垂直方向约束。模型中不同的约束之间留有适当过渡区域。经过组合约束后，模型主体区域的应力场和位移场与实测位移场基本一致（图3-3-12），说明本次模拟结果具有较好的合理性，可应用于分析研究区构造应力场的时空演化特征。

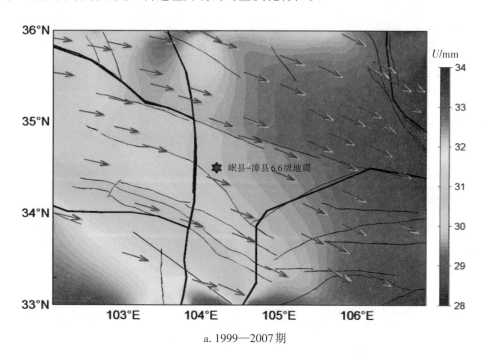

a. 1999—2007期

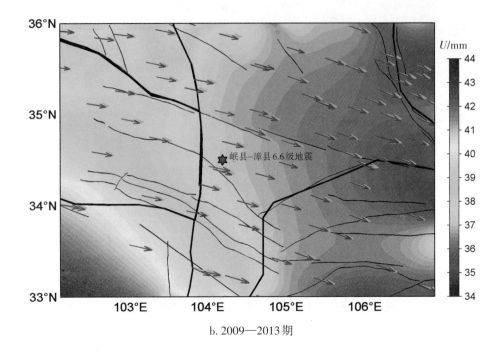

b. 2009—2013期

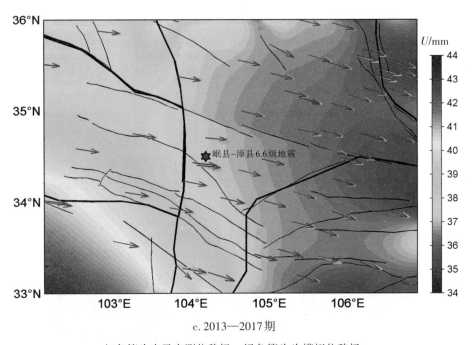

c. 2013—2017期

红色箭头表示实测位移场，绿色箭头为模拟位移场。

图3-3-12　不同时段GPS资料为边界条件下的位移场模拟结果图

3.3.3.7　计算结果和危险性分析

研究中重点关注了地下浅部区域（地表以下10～20 km），即优势发震构造所在深度构造应力场变化情况，计算时视模型为无自重弹性体，这一假设对结果的影响基本可以忽略。依据前述约束条件（李延兴等，2001；张培震等，2003），通过ANSYS有限元计算结果，分析研究临潭-宕昌断裂带及附近区域现今应变及构造应力场变化特征的基本格局。

3.3.3.8　研究区位移场模拟结果分析

位移场的研究先要了解的是位移场的方向，本研究采用了ITRF全球参考框架下的1999—

2007期（1999—2007期GPS结果用到了汶川地震前的比较稳定的4期区域网观测数据，因此位移场结算精度明显较高）、2009—2013期、2013—2017期GPS结果研究该区域的位移场变化方向。

三期位移场模拟的结果（图3-3-13）显示，模型的主体区域位移场与实测位移场基本一致；研究区域的三期位移场方向呈SE向，部分甚至呈现SEE向；位移场的方向和大小出现明显的分区特征；断裂带附近的位移大小和方向与周围块体有所不同；位移最小值出现在研究区最东部，位移最大值出现在研究区SW角。

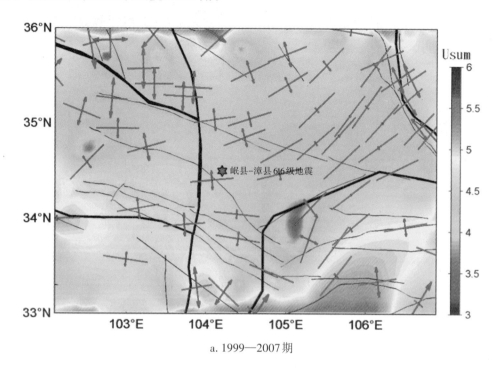

a. 1999—2007期

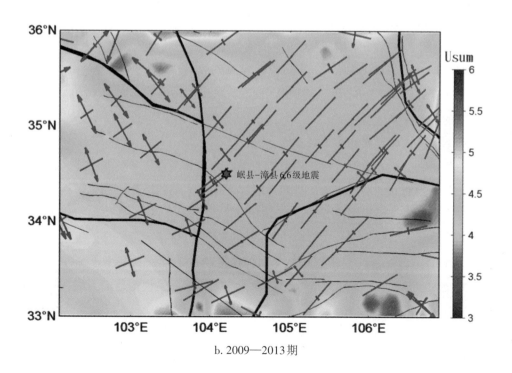

b. 2009—2013期

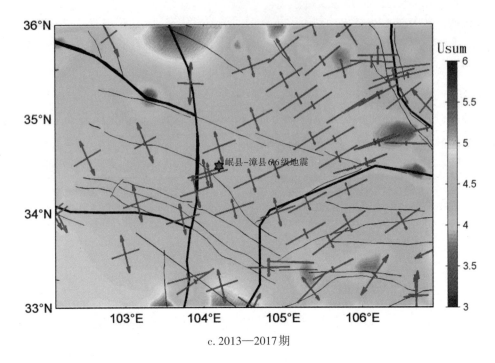

c. 2013—2017期

图3-3-13 不同时段GPS资料为边界条件下的应力场模拟结果图

1999—2007期位移场中西秦岭北缘断裂带西段、临潭-宕昌断裂带、光盖山-迭山断裂带和迭部-白龙江断裂带区域位移值大小与周围块体存在明显的差别,整个临潭-宕昌断裂带的NE侧与SW侧位移量差别较为明显,NE侧的位移量明显小于其SW侧,印证了该断裂带具有的左旋走滑特征,且临潭-宕昌断裂带正好处于位移场的最大值与最小值的平均值位置。2009—2013期与2013—2017期位移场的方向和大小差别不大。这两期位移场中西秦岭北缘断裂带西段、临潭-宕昌断裂带以及二级地块边界两侧的位移值大小存在明显的差别,陇中盆地构造区西边界(二级块体边界)将临潭-宕昌断裂带分为东、西两段,陇中盆地构造区及以东区域和临潭-宕昌断裂带东段以NE侧区域的位移值明显大于其以西区域的位移;相比1999—2007期速度场,后两期位移场中研究区的NW区域及临潭-宕昌断裂带西段的位移值明显减小,该现象可能是由于岷县-漳县6.6级地震调整引起的(2009—2013期资料到2013年年底,其包含此次地震后的部分变形信息)。

3.3.3.9 研究区构造应力场模拟结果特征分析

地球动力学研究的核心内容之一是构造应力场研究,其主要任务是探讨地壳构造应力场的空间分布形态及其随时间的动态演化,进而追踪地壳构造运动的演化历程,认识现今的地壳构造活动及其发生机制,从而预测地壳构造运动未来的发展演化规律。数值模拟作为研究构造应力场最直接和最可靠的方法为现今构造应力场的发展演变提供了大量信息。关于构造应力场的研究是非常复杂的一个问题,它不仅受制于研究区介质的非均一性和不连续性,而且其他构造条件以及GPS的测定误差也极大地影响最终计算结果,这就是说构造应力场在时间和空间上均体现出不同程度的非均匀性。

图3-3-13为研究区不同时段构造应力场的模拟结果,图中蓝色箭头代表张应力,红线代表压应力。由图可知,研究区三期构造主应力场的方向呈现总体一致性较好,局部存在差异的特征。该区域整体的主应力场方向呈NE和近EW向,且为压应力场,这与该区域的背景应力场是一致的。

1999—2007期应力场中,压应力最大值出现在研究区东南部;从某些局部区域看,应力场方向存在局部分区特点，有些区域的主应力场甚至出现 SE 向，这与该区域附近的二级块体的分布和部分断层的构造性质是相符合的。陇中盆地构造区西边界将临潭-宕昌断裂带分为东、西两段，陇中盆地构造区西边界以东、临潭-宕昌断裂带东段 NE 侧的大部分区域的构造应力场方向基本为 NE 向；临潭-宕昌断裂带以西、陇中盆地构造区西边界以西的柴达木块体的构造应力场为近 EW 向；巴颜喀拉块体以及巴颜喀拉块体与华南块体的交汇区域的应力场出现 SEE 和 SE 向。以上分析表明，研究区周围块体的运动对该区域构造应力场的方向影响非常大。根据图 3-3-13 中 1999—2007 期应力场图及郑文俊等的研究结果（图 3-3-14）可知，2013年岷县-漳县 6.6 级地震震中及附近区域正好位于青藏高原东北缘向东运动（过程中受到鄂尔多斯和华南两个刚性块体的阻挡）转为向 SE 及 SSE 运动的临界点，此处应力积累较为集中，存在较为明显的强震孕育背景。

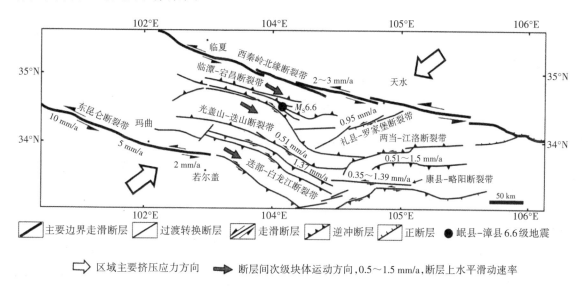

图 3-3-14　甘东南地区主要断裂带走滑速率及区域构造转换关系图

图 3-3-13 中 2009—2013 期与 2013—2017 期应力场大小差别不大，特别是岷县-漳县 6.6 级地震震中区域的应力场方向（不同于 1999—2007 期应力场震中周边主压应力方向差别很大）与周边区域几乎一致，这可能与震后的调整有关。2009—2013 期应力场的方向呈现总体一致性较好，主应力场方向呈 NE。与 2009—2013 期应力场结果相比，2013—2017 期应力场中主压应力场的方向稍偏东呈 NEE 向。特别在西秦岭北缘断裂带东段及光盖山-迭山断裂带最东端处的应力场为近 EW 向。从 2013—2017 期应力场图中还可以看出，岷县-漳县 6.6 级地震后整个研究区特别是研究区东部的主压应力显著减小。

2017 年 8 月 8 日九寨沟 7.0 级地震震中为 103.82°E、33.20°N，三期位移场和应力场模拟结果中的云图显示，该地震震中都处于最大值边缘位置。根据这种情况庄浪河、马衔山断裂带附近区域也一直处于最大值边缘位置，可能存在较强的地震危险性。

3.3.4　小结

（1）速度场结果表明，临潭-宕昌断裂带及西秦岭北缘断裂带处于顺时针涡旋运动体内圈位置，方向由近 NNE 向 SE 向偏转，是应力积聚区，具有发震的可能性。临潭-宕昌断裂带处 2009—2011 期速度场较 2004—2007 期速度场 GPS 运动方向和大小均存在显著差异，2009—2011 期速度场中临潭-宕昌断裂带处的速率值较前一期明显增大，而且西秦岭北缘断裂带 NE 侧的运动方向由 2004—2007 期的 SE 向转为 SSW 向，即垂直于西秦岭北缘断裂带。因此，较

2004—2007期临潭-宕昌断裂带附近区域的运动方向及大小的差异性显著，存在发震的危险性。

（2）块体应变率结果表明，汶川地震的发生导致了柴达木地块运动与变形状态发生明显调整，但由于西秦岭北缘等深大断裂的存在，陇中盆地构造区对其响应不明显。该变形特征预示着分布于两者边界地区的相关断裂带对变形分布具有较为明显的阻隔作用，该区存在强震孕育危险。最小二乘配置方法解算得到的GPS主应变率场结果表明，震源区附近在震前已经积累了较高的应变能且表现出一定的"硬化"迹象，从另一个角度揭示了震源区附近的断裂带处于强闭锁状态。

（3）多期次GPS剖面结果表明，垂直于岷县-漳县主破裂带的运动分量和平行于岷县-漳县主破裂带的运动分量表现出明显差异特征，其中平行于主破裂带的运动分量对汶川地震响应显著，汶川震后表现为剪切变形速率的增强；而垂直于主破裂带的运动分量则对汶川地震响应不明显。通过对汶川地震的分析认为，处于巨大地震同震位移场中不变带的区域可能预示着该区存在较强的应变积累和闭锁程度，本书中剖面分析的结果表明漳县-岷县孕震区域的地壳变形符合上述特征。

（4）震中周边GPS基线变化速率结果表明，震中周边区域的基线伸缩变化率总体呈现NW向伸长、NE向缩短状态，且拉伸长明显小于缩短量，该结果主要反映了汶川地震后该区地壳变形状态，包含汶川地震引起的黏弹性松弛、块体运动调整等影响。基线时间序列结果还表明，震前NE倾向的逆冲断裂，临潭-宕昌断裂带的NE侧闭锁，SW侧运动速率加快，这可能是导致其地震发生的主要原因。

（5）震中区域应变时间序列结果反映了2013年以来震中附近地区EW向的挤压变形、面收缩速率及发震断裂NW向左旋剪切作用均有明显减弱的趋势，即该区域震前存在形变亏损的迹象，也反映了该区域在震前已经积累了较高程度的应变能。因此该地震前不能排除存在背景性异常变化，但临震异常变化不明显。

（6）甘东南地区位移场模拟结果表明，位移场的方向和大小出现明显的分区特征；断裂带附近的位移大小和方向与周围块体有所不同。整个临潭-宕昌断裂带的NE侧与SW侧位移量差别较为明显，NE侧的位移量明显小于其SW侧，印证了该断裂带具有的左旋走滑特征，且临潭-宕昌断裂带正好处于位移场的最大值与最小值的平均值位置。

（7）甘东南地区构造应力场模拟结果表明，研究区周围块体的运动对该区域构造应力场的方向影响非常大。岷县-漳县6.6级地震震中及附近区域正好位于青藏高原东北缘，向东运动过程中受到鄂尔多斯和华南两个刚性块体的阻挡转为向SE及SSE运动的临界点，此处应力积累较为集中，存在较为明显的强震孕育背景。

4　震前预测及震后趋势判定

本章主要介绍岷县-漳县6.6级地震的震前预测情况及震后趋势判定情况。

4.1　震前预测总结

4.1.1　年度预测总结

2013年7月22日岷县-漳县6.6级地震落在了甘青川交界地区中国地震局和甘肃地震局年度地震重点危险区内，地震三要素准确，中期预测正确。

4.1.2　震前中短期预测结果

4.1.2.1　中期预测

2012年10～12月，甘肃地震局和中国地震局在年度震情趋势会商会上先后论证了甘东南至甘青川交界地震重点危险区。震前，在中国地震局、甘肃省委省政府的领导指导下，甘肃省地震局采取了一系列的工作措施，加强震情监视和短临跟踪工作。2013年年初，甘肃省地震局向甘肃省人民政府上报了《关于2013年全甘肃省地震趋势和进一步做好防震减灾工作的意见》，并转发各市、自治州人民政府，甘肃省政府有关部门贯彻执行。同时，按照中国地震局的统一安排部署，制定了《2013年度地震重点危险区协作工作区震情跟踪工作方案》，组织召开了西北地区地震重点危险区震情跟踪工作交流会。

4.1.2.2　短期预测

甘肃省地震局向甘肃省委主要领导汇报震情情况：2013年4月20日四川芦山发生7.0级地震，该次地震将会对地处南北地震带北段的甘肃，尤其是甘肃中东部地区产生重大影响；该次地震后，南北地震带北段1～3年存在发生7级以上地震的可能性较大等意见。随后，甘肃省地震局于4月22日召开专题会议，安排震情跟踪和地震应急工作。

甘肃省地震局召开南北地震带北段强震趋势及危险性研讨会情况：针对南北带北段严峻的震情形势，在中国地震局监测预报司的指导下，2013年5月13日甘肃省地震局组织全国相关学科专家，西北五省区、二测中心专家在兰州召开南北地震带北段强震趋势及危险性研讨会，分析研究了芦山7.0级地震对南北地震带北段地区的可能影响，确定了未来1～3年震情趋势。

会议结论意见：芦山7.0级地震后，未来1～3年南北地震带北段地区发生7级地震的可能性增大，危险地区为甘东南-甘青川交界及附近地区；祁连山中西段地区存在发生6～7级地震的可能。

震前强化跟踪和震情研判情况：在南北带北段震情趋势研讨会后，甘肃省地震局积极开展震情监视和短临跟踪工作，召开突出震情专题会议、临时和紧急会商会等，组织开展现场异常落实，谨慎处置各类短临预报意见，加强甘东南地区震情跟踪工作；按照内紧外松的原则，密切跟踪天水深井地电阻率等前兆资料的发展变化，明确要求甘东南地区的天水、武都中心地震台，天水、陇南、甘南等市（州）地震局要加强异常收集与核实、强化震情监视跟踪，做好地震应急准备的各项工作。据统计，2013年6月至7月22日期间，甘肃省地震局累计开展现场异常落实3次，电话落实异常约58次。召开各类会商会16次，其中紧急或临时会商会9次，几乎达到了平均3天开一次会商会的程度。

震前报送震情信息情况：2013年进入6月份以来，甘肃及边邻地区的地震活动出现了明显的增强态势。6月4日，九寨沟与平武交界发生3级震群活动，至6月12日，累计发生地震33次。随后，发生了6月21日天祝-门源交界3.1级、6月24日肃北3.4级等地震。对这些突出的地震活动事件，甘肃省地震局组织召开紧急会商会，并及时将震情信息和会商结论意见报送甘肃省委省政府。据统计，6月1日至6月26日期间，甘肃省地震局报送甘肃省政府各类震情信息达9次，分管副省长批复甘肃省地震局2次，要求加强震情监视监测工作。在此基础上，应责成当地地震部门加强监测预警，在不形成恐慌心理的前提下，注意加强防震工作，尤其应重视在一些小学开展防震演练，以增强防震意识和自救能力。为此，天水、临夏、定西等地震局根据批示精神，进一步加强震情监视和应急准备工作。

4.2　震后趋势判定

岷县-漳县6.6级地震发生后，甘肃省地震局密切跟踪序列的发展变化，对余震序列进行跟踪分析，结合区域历史地震活动规律及邻区余震序列特征，震后1小时给出"原震区未来12小时发生更大地震的可能性较小"的结论，7月22日下午又召开了加密会商会，会商结论为"该地震为主余型的可能性较大，原震区未来24小时发生更大地震的可能性较小"。甘肃省地震局对地震类型和震后趋势都给出了准确的判定意见。

5　主要结论及讨论

5.1　岷县–漳县6.6级地震发震构造

岷县–漳县6.6级地震发生在青藏高原东北缘，在构造格局上处于NWW向东昆仑断裂带与西秦岭北缘断裂带两条左旋走滑断裂带之间的应变传递和构造转换的过渡区，是整体区域构造应力变化和构造挤压过程中的一个应力、应变集中区。

岷县–漳县6.6级地震邻区主要断层的分析研究结果如下：木寨岭断层主要在洮河右岸发育，未见其错断洮河T1、T2阶地，且断裂延伸的线性特征不够清晰，仅在目标区西北段的部分区域识别出同震滑坡体和历史滑坡体，显示该断层的晚第四纪活动特征不明显，其活动时代应为晚更新世或更早的断裂；禾驮断层在西，其西北段跨越洮河河谷，未见其对洮河T1、T2阶地的明显位错，向东南延伸主要在洮河右岸发育，尽管从遥感影像上未见明显的线性变形特征，但是其北西端断裂两侧的大规模同震滑坡体和历史滑坡体的广泛发育表明，禾驮断层与岷县–漳县6.6级地震有强烈的相关性，从历史滑坡与同震滑坡的规模和密集程度来看，禾驮断层在晚第四纪还应有至少一次或多次强度强于该次岷县–漳县6.6级地震的历史地震。利用甘肃地震台网和震后架设的流动地震台站的观测数据，对岷县–漳县6.6级地震的主震和余震序列进行了重新定位，最终获得了659次余震的精定位结果。定位结果与甘肃地震台网给出的初始结果相比，在水平方向和深度上都得到了较大改善。其中，余震序列优势展布方向为NW向，与中国地震局发布的岷县–漳县6.6级地震烈度图等震线长轴呈NW向分布特征一致。主震震源深度为10 km。余震序列分布长轴方向展布约12 km，宽度约7 km，震源深度的优势分布范围为5～15 km，总体上呈现SE端浅、NW端较深的分布特征。余震序列的精定位结果在深度上存在明显的SW向倾斜现象，与临潭–宕昌断层的倾向相反，据此推断临潭–宕昌断层可能不是此次地震的发震断层，而可能是与临潭–宕昌断裂带与西秦岭北缘断裂带之间的隐伏断层或次级活动断裂有关。岷县–漳县6.6级地震及最大5.6级余震的震源类型性质为以逆冲为主兼走滑，主震震源机制解节面Ⅱ走向305°，倾角61°，滑动角46°，表现为逆冲兼走滑的特性，余震序列震源机制解向NE倾向的节面Ⅱ的优势倾角约为52°，与主震的高倾角（61°）基本一致，也表现出逆冲分量大的特性。

基于应力张量反演结果，结合震区的地质构造、余震区展布及主震的烈度分布，地震序列震源机制解的节面Ⅱ指示了相应的发震断层面，可能与震源区内的临潭–宕昌断裂带的某段相对应。岷县-漳县6.6级地震序列震源机制解的特性反映出与该断裂带相似的活动特征，分析认为，本次地震的发生与临潭-宕昌断裂带的活动存在一定的关联性。

5.2 岷县-漳县6.6级地震震前异常特征及数值模拟结果

地震b值异常特征：通过对岷县-漳县6.6级地震前的b值及Δb异常特征的分析研究，得出如下结论：岷县-漳县6.6级地震发生在甘东南地区明显的低地震b值区域的边缘，从低b值空间尺度以及与6.6级地震空间关系来看，该低b值区域及邻区仍然存在发生强震的危险性；通过对震前地震Δb值异常特征的分析，岷县-漳县6.6级地震前邻区地震b值明显降低，震前异常特征显著，该方法能更有效地缩小异常区域的范围，地震b值的空间扫描和Δb值相互结合可能是进一步确定强震危险区的有效方法之一。

流体学科出现异常的测项较多，有水温、流量、水氡等观测手段，空间上大部分异常测点分布在震中的东北方向，多数测点震中距在200 km以内，只有平凉北山水氡震中距在260 km左右。时间上既有短临异常，又有短期、中短期、中期及中长期异常；电磁学科地震前出现异常的观测手段有天水电阻率NS、EW、NW 3个测道，临夏电阻率NS、EW 2个测道，武都电阻率NW 1个测道；天水电阻率为短期至短临异常，临夏电阻率为中短期异常，武都电阻率为趋势性异常。震前出现的形变异常数量相对较少，仅兰州十里店洞体应变的2个分量出现异常。

速度场结果表明，临潭-宕昌断裂带及西秦岭北缘断裂带处于顺时针涡旋运动体内圈位置，方向由近NNE向偏转为SE向，是应力积聚区，具有发震的可能性。临潭-宕昌断裂带处2009—2011期速度场较2004—2007期速度场GPS运动方向和大小均存在显著差异，2009—2011期速度场中临潭-宕昌断裂带处的速率值较前一期明显增大，而且西秦岭北缘断裂带NE侧的运动方向由2004—2007期的SE向转为SSW向，即垂直于西秦岭北缘断裂带。因此，2009—2011期较2004—2007期临潭-宕昌断裂带附近区域的运动方向及大小的差异性显著，存在发震的危险性。块体应变率结果表明，汶川地震的发生导致了柴达木地块运动与变形状态发生明显调整，但由于西秦岭北缘等深大断裂的存在，陇中盆地构造区对其响应不明显。该变形特征预示着分布于两者边界地区的相关断裂带对变形分布具有较为明显的阻隔作用，该区存在强震孕育危险。最小二乘配置方法解算得到的GPS主应变率场结果表明，震源区附近在震前已经积累了较高的应变能且表现出一定的"硬化"迹象，从另一个角度揭示了震源区附近的断裂带处于强闭锁状态。多期次GPS剖面结果表明，垂直于岷县-漳县主破裂带的运动分量和平行于岷县-漳县主破裂带的运动分量表现出明显差异特征，其中平行于主破裂带的运动分量对汶川地震响应显著，汶川地震后表现为剪切变形速率增强；而垂直于主破裂带的运动分量则对汶川地震响应不明显。通过对汶川地震的分析认为，处于巨大地震同震位移场中不变带的区域可能预示着该区域存在较强的应变积累和闭锁程度，本书中剖面分析的结果表明漳县-岷县孕震区域的地壳变形符合上述特征。震中周边GPS基线变化速率结果表明，震中周边区域的基线伸缩变化率总体呈现NW向伸长、NE向缩短状态，且拉伸长度明显小于缩短量，该结果主要反映了汶川地震后该区地壳变形状态，包含汶川地震引起的黏弹性松弛、块体运动调整等影响。基线时间序列结果还表明，震前NE向的逆冲断裂，临潭-宕昌断裂带的NE侧闭锁，SW侧运动速率加快，这可能是导致其地震发生的主要原因。震中区域应变时间序列结果反映了2013年以来震中附近地区EW向的挤压变形、面收缩速率及发震断裂NW向左旋剪切作用均有明显减弱的趋势，即该区域震前存在形变亏损的迹象，也反映了该区域在震前已经积累了较高程度的应变能。因此该地震前不能排除存在背景性异常变化，但临震异常变化不明显。甘东南地区位移场模拟结果表明，位移场的方向和大小出现明显的分区特征；断裂带附近的位移大小和方向与周围块体有所不同。整个临潭-宕昌断裂带的 NE 侧与 SW 侧位移量差别较为明显，NE 侧的位移量明显小于其 SW 侧，印证了该断裂带具有的左旋走滑特征，且临潭-宕昌断裂带正好处于位移场的最大值与最小值的平均值位置。甘东南地区构造应力场模拟结果表明，研究区周围块体的运动对该区域构造应力场的方向影响非常大。岷县-漳县 6.6 级地震震中及附近区域正好位于青藏高原东北缘，向东运动过程中受到鄂尔多斯和华南两个刚性块体的阻挡转为向 SE 及 SSE 运动的临界点，此处应力积累较为集中，存在较为明显的强震孕育背景。

参考文献

[1] DONG D, HERING T A, KING R W. Estimating regional deformation from a combination of space and terrestrial geodetic data[J]. J. Geophys. Res. 1998(72):200-214.

[2] GUTENBERG B, RICHTER C F. Earthquake Magnitude, Intensity, Energy, and Acceleration [J]. Bull Seism Soc Amer, 1942(32):163-191.

[3] MOGI K. Study of the elastic shocks caused by the fracture of heterogeneous materials and its relation to earthquake phenomena[J]. Bull. Earthquake Res. inst., 1962(40):125-173.

[4] SCHOLZ C H. The frequency-magnitude relation to microfracturing in rock and its relation to earthquakes[J].Bull. Seism Soc Am, 1968(58):399-415.

[5] TAPPONNIER P, XU Z Q, ROGER F.Obliquesteque stepwise rise and growth of the Tiber plateau [J].Science,2001,294(5547):1671-1677.

[6] WU Y Q, JIANG Z S, YANG G H. Comparison of GPS strain rate computing methods and their reliability[J]. Geophys. J. Int. 2011(185):703 - 717.

[7] WANG Q, QIAO X J, LAN Q G. Rupture of deep faults in the 2008 Wenchuan earthquake and uplift of the Longmen Shan[J]. Nature Geoscience. 2011,4(9):634-640.

[8] WALDHAUSER F, ELLSWORTH W L. A double-difference earth-quake location algorithm: method and application to the Northem Hayward Fault, California [J]. Bull. Seism. Socl. Am. 2000, 90(6): 1353-1368.

[9] SHEN X Z, MEI X P, ZHANG Y S.The crustal and upper mantle structures beneath the northeastern margin of Tibet[J].Bull. Seismol. Soc. Am.,2011,101(6):2782-2795.

[10] ZHAO L S, HELMBERGER D V.Source estimation from broadband regional seismograms[J]. Bull. Seis. Soc. Amer. 1994,84(1):91-104.

[11] ZHU L P, RIVERA L A. A note on the dynamic and static displacements from a point source in multilayered media[J]. Geophys. J. Int., 2002(148):619-627.

[12] WYSS M, SAMMIS C, NADEAU R, etal. Fractal dimension and b value on creeping and locked patches of the San Andreas Fault near Parkfield, California[J]. Bull Seism Soc Am. 2004(94): 410-421.

[13] M7专项工作组.中国大陆大地震中长期危险性研究[M].北京:地震出版社,2012.

[14] 曹令敏,赖晓玲.甘肃天水地区地壳上部二维速度结构成像研究[J].地球物理学报,2012

（10）:3318-3326.

［15］陈连旺,陆远忠,张杰.华北地区三维构造应力场[J].地震学报,1999,21(2):140-149.

［16］陈继锋,林向东,何新社.2013年甘肃岷县M_S6.6地震矩张量反演及发震构造初探[J].地震工程学报,2013,35(3):425-431.

［17］陈九辉,刘启元,李顺成.青藏高原东北缘-鄂尔多斯地块地壳上地幔S波速度结构[J].地球物理学报,2005,48(2):333-342.

［18］房立华,吴建平,王未来.四川芦山M_S7.0级地震及其余震序列重定位[J].科学通报,2013(58):1-9.

［19］房立华,吴建平,张天中.2011年云南盈江M_S5.8地震及其余震序列重定位[J].地震学报,2011,33(2):262-267.

［20］冯红武,张元生,刘旭宙.2013年甘肃岷县-漳县M_S6.6地震及其余震序列重定位[J].地震工程学报,2013,35(3):443-447.

［21］冯建刚,蒋长胜,韩立波.甘肃测震台网监测能力及地震目录完整性分析[J].地震学报,2012,34(5):646-658.

［22］甘卫军,沈正康,张培震.青藏高原地壳水平差异运动的GPS观测研究[J].大地测量与地球动力学,2004,24(1):29-35.

［23］江在森,杨国华,方颖.利用GPS观测结果研究地壳运动分布动态及其与强震关系[J].国际地震动态,2007(7):32-42.

［24］姜晓玮,王江海,张会华.西秦岭断裂走滑与盆地的耦合——西秦岭-松甘块体新生代向东走滑挤出的证据[J].地学前缘,2003,10(3):201-208.

［25］黄媛,吴建平,张天中.汶川8.0级大地震及其余震序列重定位研究[J].中国科学(D辑),2008,38(10):1242-1249.

［26］何文贵,周志宇,马尔曼.岷县-卓尼5.0级地震的基本特征和地质背景研究[J].地震研究,2006,29(4):373-378.

［27］龙锋,张永久,闻学泽.2008年8月30日攀枝花-会理6.1级地震序列M_L≥4.0事件的震源机制解[J].地球物理学报,2010,53(12):2852-2860.

［28］刘耀炜,任宏微.汶川8.0级地震氢观测值震后效应特征初步分析[J].地震,2009,29(1)121-131.

［29］刘成龙,王广才,张卫华.三峡井网井水位对汶川8.0级地震的同震响应特征研究[J].地震学报,2009,31(2):188-194.

［30］吕坚,曾文敬,谢祖军.2011年9月10日瑞昌-阳新4.6级地震的震源破裂特征与区域强震危险性[J].地球物理学报,2012,55(11):3625-3633.

［31］吕坚,王晓山,苏金蓉.芦山7.0级地震序列的震源位置与震源机制解特征[J].地球物理学报,2013,56(5):1753-1763.

［32］吕坚,郑秀芬,肖健.2012年9月7日云南彝良M_S5.7/M_S5.6地震震源破裂特征与发震构造研究[J].地球物理学报,2013,56(8):2645-2654.

［33］吕坚,郑勇,倪四道.2005年11月26日九江-瑞昌M_S5.7、M_S4.8地震的震源机制解与发震构造研究[J].地球物理学报,2008,51(1):158-164.

［34］李清河,郭建康,周民都.成县-西吉剖面地壳速度结构[J].西北地震学报,1991,13(增刊):37-43.

[35] 李延兴,黄珹,胡新康.板内块体的刚性弹塑性运动模型与中国大陆主要块体的应变状态[J].地震学报,2001,23(6):565-572.

[36] 李松林,张先康,张成科.玛沁-兰州-靖边地震测深剖面地壳速度结构的初步研究[J].地球物理学报,2002,45(2):210-217.

[37] 李少华,王彦宾,梁子斌.甘肃东南部地壳速度结构的区域地震波形反演[J].地球物理学报,2012,55(4):1186-1197.

[38] 李永华,吴庆举,安张辉.青藏高原东北缘地壳S波速度结构与泊松比及其意义[J].地球物理学报,2006,49(5):1359-1368.

[39] 李清河,郭建康,周民都.成县-西吉剖面地壳速度结构[J].西北地震学报,1991,13(增刊):37-43.

[40] 丁志峰,何正勤,孙为国.青藏高原东部及其边缘地区的地壳上地幔三维速度结构[J].地球物理学报,1999,42(2):197-205.

[41] 刘峰,张家声,黄雄南.利用GIS方法研究南北地震带和中央造山带交汇区活动断裂与地震的关系[J].中国地质,2009,25(4):394-404.

[42] 刘旭宙,张元生,秦满忠.岷县M_S6.6地震震源机制及构造应力研究[J].地震工程学报,2013,35(3):432-437.

[43] 刘正荣.b值特征的研究[J].地震研究,1995,18(2):169-173.

[44] 马海萍,冯建刚,窦喜英.2016年门源M_S6.4地震前区域地壳形变特征[J].遥感技术与应用,2016,31(6):1167-1173.

[45] 宋卫华,张宏伟,徐秀茹.区域构造应力场的数值模拟与应用[J].辽宁工程技术大学学报,2006,25(1):39-42.

[46] 孙小龙,刘耀炜,王博.宾川井对印尼大震的同震响应特征及其机理解释[J].地震,2008,28(3):69-78.

[47] 韦生吉,倪四道,崇加军.2003年8月16日赤峰地震:一个可能发生在下地壳的地震[J].地球物理学报,2009,52(1):111-119.

[48] 黄建平,倪四道,傅容珊.综合近震及远震波形反演2006文安地震(M_w5.1)的震源机制解[J].地球物理学报,2009,52(1):120-130.

[49] 韩立波,蒋长胜,包丰.2010年河南太康M_S4.6地震序列震源参数的精确确定[J].地球物理学报,2012,55(9):2793-2981.

[50] 韩渭宾.b值在地震预测中的三类应用及其物理基础与须注意的问题[J].四川地震,2003(106):1-5.

[51] 闵祥仪,周民都,郭建康.灵台-阿木去乎剖面地壳速度结构[J].西北地震学报,1991,13(增刊):29-36.

[52] 吴建平,明跃红,王椿镛.川滇地区速度结构的区域地震波形反演研究[J].地球物理学报,2006,49(5):1369-1376.

[53] 吴忠良.关于b值应用于地震趋势预测的讨论[J].地震学报.2001,23(3):548-551.

[54] 谢祖军,郑勇,倪四道.2011年1月19日安庆M_L4.8地震的震源机制解和深度研究[J].地球物理学报,2012,55(5):1624-1634.

[55] 许忠淮,汪素云,裴顺平.青藏高原东北缘地区Pn波速度的横向变化[J].地震学报,2003,25(1):24-31.

[56] 李全林,于渌,郝柏林.地震频度-震级关系的时空扫描[M].北京:地震出版社,1978.

[57] 易桂喜,闻学泽,范军.由地震活动参数分析安宁河-则木河断裂的现今活动习性及地震危险性[J].地震学报,2004,26(3):294-303.

[58] 易桂喜,闻学泽,徐锡伟.山西断陷带太原-临汾部分的强地震平均复发间隔与未来危险段落研究[J].地震学报,2004,26(4):387-395.

[59] 易桂喜,闻学泽,王思维.由地震活动参数分析龙门山-岷山断裂带的现今活动习性与强震危险性[J].中国地震,2006,22(2):117-125.

[60] 易桂喜,闻学泽,苏有锦.川滇活动地块东边界强震危险性研究[J].地球物理学报,2008,51(6):1719-1725.

[61] 易桂喜,闻学泽,辛华.龙门山断裂带南段应力状态与强震危险性研究[J].地球物理学报,2013,56(4):1112-1120.

[62] 袁道阳,何文贵,刘小凤.10余年来甘肃省中强地震的发震构造特征[J].西北地震学报,2006,28(3):235-241.

[63] 袁道阳,雷中生,何文贵.公元前186年甘肃武都地震考证与发震构造探讨[J].地震学报,2007,29(6):654-663.

[64] 袁道阳,张培震,刘百篪.青藏高原东北缘晚第四纪活动构造的几何图像与构造转换[J].地质学报,2004,78(2):270-278.

[65] 张培震,王敏,甘卫军.GPS观测的活动断裂滑动速率及其对现今大陆动力作用的制约[J].地学前缘,2003(10):81-92.

[66] 武艳强,江在森,杨国华.南北地震带北段近期地壳变形特征研究[J].武汉大学学报:信息科学版,2012,39(9):1045-1048.

[67] 武艳强,江在森,王敏.GPS监测的芦山7.0级地震前应变积累及同震位移场初步结果[J].科学通报,2013,58(20):7.

[68] 王秀文,刘瑞春,宋美琴.山西形变台网对汶川8.0级地震的响应及异常特征[J].山西地震,2010,141(1):11-17.

[69] 杨立明,程建武.昆仑山口西8.1级地震孕育演化的阶段性初步研究[J].西北地震学报,2003,25(1):35-39.

[70] 杨智娴,陈运泰,郑月军.双差地震定位法在我国中西部地区地震精确定位中的应用[J].中国科学(D辑),2003(33):129-134.

[71] 杨智娴,陈运泰.用双差地震定位法再次精确测定1998年张北-尚义地震序列的震源参数[J]地震学报,2004,26(02):115-120.

[72] 杨马陵,曲延军.b值的稳健估计及其在地震预报中的应用[J].地震,1999,19(3):253-260.

[73] 曾融生,孙为国,毛桐恩.中国大陆莫霍面深度图[J].地震学报,1995,17(3):322-327.

[74] 朱爽,周伟.甘肃岷县漳县6.6级地震前后区域地壳变形分析[J].地震工程学报,2015,37(3):731-738.

[75] 张广伟,雷建设.四川芦山7.0级强震及其余震序列重定位[J].地球物理学报,2013,56(5):1764-1771.

[76] 张会平,张培震,袁道阳.南北地震带中段地貌发育差异性及其与西秦岭构造带关系初探[J].第四纪研究,2010,30(4):803-811.

[77] 张元生,冯红武,陈继锋.基于地震学资料探讨2013年岷县漳县6.6级地震发震构造[J].地

113

震工程学报,2013,35(3):419-424.

[78] 张辉,王熠熙.2012年5月3日金塔-阿拉善盟5.4级地震震源机制解[J].西北地震学报, 2012,34(2):205-206

[79] 张昱,刘小凤,常千军.汶川地震的异常及其震后效应特征分析[J].高原地震,2009,21(3): 22-27.

[80] 张昱,李春燕,吴建华.印尼8.6级地震甘肃地区流体观测资料同震响应分析[J],地震工程 学报,2016,38(5):830-837.

[81] 张昱,郑卫平,李春燕.岷县6.6级地震的异常及水位水温同震响应讨论[J].水资源研究, 2018,7(1),102-106.

[82] 张风霜,武艳强.中国大陆内部GPS连续观测站基线分析[J].地震研究,2011,34(3):337- 343.

[83] 郑文俊,刘小凤,赵广堃.2003年11月13日甘肃岷县M_s5.2地震基本特征[J].西北地震学 报,2005,27(1):61-65.

[84] 郑文俊,雷中生,袁道阳.1837年甘肃岷县北6级地震考证与发震构造分析[J].地震,2007, 27(1):120-130.

[85] 郑文俊,袁道阳,何文贵.甘肃东南地区构造活动与2013年岷县-漳县M_s6.6级地震孕震机 制[J].地球物理学报,2013,56(12):4058-4071.

[86] 郑勇,马宏生,吕坚.汶川地震强余震(M_s≥5.6)源机制解及其与发震构造的关系[J].中国科 学(D辑),2009,39(4):23-36.

[87] 郑兆苾,刘东旺,沈小七.华北b值全时空扫描结果的可靠性及与地震的相关性[J].地震, 2001,21(3):8-14.

[88] 中国地震局监测预报司.2004年印度尼西亚苏门答腊8.7级大地震及其对中国大陆地区的 影响[M].北京:地震出版社,2005.